AF830392

Prozessstabilität als Bewertungskriterium im Entwicklungsprozess von Werkzeugmaschinen

Von der Fakultät für Maschinenwesen
der Rheinisch-Westfälischen Technischen Hochschule Aachen
zur Erlangung des akademischen Grades eines
Doktors der Ingenieurwissenschaften
genehmigte Dissertation

vorgelegt von

Benedikt Sitte

Berichter:

Univ.-Prof. Dr.-Ing. Christian Brecher

Univ.-Prof. Dr.-Ing. Dirk Biermann

Tag der mündlichen Prüfung: 25. Juni 2013

ERGEBNISSE AUS DER PRODUKTIONSTECHNIK

Benedikt Sitte

Prozessstabilität als Bewertungskriterium im Entwicklungsprozess von Werkzeugmaschinen

Herausgeber:
Prof. Dr.-Ing. Dr.-Ing. E.h. Dr. h.c. Dr. h.c. F. Klocke
Prof. Dr.-Ing. Dipl.-Wirt.Ing. G. Schuh
Prof. Dr.-Ing. C. Brecher
Prof. Dr.-Ing. R. H. Schmitt

Band 14/2013

WZL RWTHAACHEN

Fraunhofer IPT

Bibliografische Information der Deutschen Nationalbibliothek
Die Deutsche Nationalbibliothek verzeichnet diese Publikation in der Deutschen Nationalbibliografie; detaillierte bibliografische Daten sind im Internet über http://dnb.ddb.de abrufbar.

Benedikt Sitte:

Prozessstabilität als Bewertungskriterium im Entwicklungsprozess von Werkzeugmaschinen

1. Auflage, 2013

Gedruckt auf holz- und säurefreiem Papier, 100% chlorfrei gebleicht.

Apprimus Verlag, Aachen, 2013
Wissenschaftsverlag des Instituts für Industriekommunikation und Fachmedien an der RWTH Aachen
Steinbachstr. 25, 52074 Aachen
Internet: www.apprimus-verlag.de, E-Mail: info@apprimus-verlag.de

Druck: KN Digital Printforce GmbH, Stuttgart

ISBN 978-3-86359-147-2

D 82 (Diss. RWTH Aachen University, 2013)

Vorwort

Die vorliegende Arbeit entstand während meiner Tätigkeit als wissenschaftlicher Mitarbeiter am Werkzeugmaschinenlabor (WZL) der Rheinisch-Westfälischen Technischen Hochschule Aachen. Ein Großteil der Forschungsarbeiten entstand im Rahmen des vom Bundesministerium für Bildung und Forschung (BMBF) über den Projektträger Forschungszentrum Karlsruhe geförderten Verbundprojektes VispaB.

Mein besonderer Dank gilt Herrn Professor Christian Brecher, der mir diese Arbeit ermöglicht hat. Seine Erfahrungen und fachlichen Anregungen sowie sein Vertrauen haben maßgeblich zum Gelingen dieser Arbeit beigetragen. Herrn Professor Dirk Biermann danke ich für die Übernahme des Koreferats und den letzten Feinschliff des Manuskripts. Für die Übernahme des Vorsitzes meines Promotionsverfahrens danke ich Herrn Professor Reinhart Poprawe.

Durch die große Unterstützung zahlreicher Mitarbeiter des Werkzeugmaschinenlabors ist das Gelingen dieser Arbeit erst möglich gewesen. Für die Unterstützung beim Aufbau der Simulationsumgebungen und der Durchführung der zahlreichen Simulationen danke ich Herrn Matthias Daniels, Herrn Alexander Epple, Herrn Bastian Nierhaus, Herrn Björn Tings, Herrn Jerome Österreich und Herrn Günter Körner. Für die Unterstützung bei der Durchführung der messtechnischer Untersuchungen und Zerspanversuche danke ich Herrn Kai Barth, Herrn Axel Kaunzner sowie Herrn Karsten Meier.

Den Projektpartnern des Verbundprojekts VispaB sowie Herrn Dr. Paul Armbruster danke ich für die vielen konstruktiven Diskussionen und die gute Zusammenarbeit in der gesamten Projektlaufzeit.

Für die großartige Unterstützung, die vielen fachlichen und konstruktiven Diskussionen im gesamten Verlauf meiner Arbeit sowie für die kritische Durchsicht meines Manuskripts danke ich ganz herzlich Herrn Tobias Breitbach, Herrn Stephan Bäumler sowie Herrn Marcel Fey. Ein ganz besonderer Dank gilt zudem Herrn Raphael Hermes und Herrn Dr. Stephan Witt für die hervorragende fachliche als auch persönliche Unterstützung während meiner gesamten Zeit am Werkzeugmaschinenlabor.

Besonderer Dank gilt ebenfalls meinen Eltern, die mich während meiner gesamten Ausbildung gefördert und unterstützt haben und mir stets zur Seite standen. Ohne ihre Unterstützung wäre mir dies alles nicht möglich gewesen. Meinen Geschwistern und den vielen Freunden, die mich im Laufe meiner Arbeit unterstützt haben, danke ich ganz herzlich.

Siegen, im Juni 2013 Benedikt Sitte

Inhaltsverzeichnis

Content

0 Zeichen, Einheiten und Benennungen

Characters, units and names

Großbuchstaben

Zeichen	Einheit	Benennung
A	µm/N	Modale Amplitude
A_{ges}	mm^2	Gesamtfläche der diskreten Werkzeugbahnpunkte
C	Ns/m	Viskose Dämpfungsmatrix
D	%	Modale Dämpfung
D_a	mm	Werkstückaußendurchmesser
D_k		Dämpfungsmaß
D_{WZ}	mm	Nenndurchmesser des Werkzeugs
F(t)	N	Vektor aller zeitabhängigen Kräfte und Momente
$F_c(t)$	N	Dynamische Schnittkraft
$F_f(t)$	N	Dynamische Vorschubkraft
$F_p(t)$	N	Dynamische Passivkraft
$G_{ein,aus}$	mm	Ein- und Austrittsgrenze bei Fräsbearbeitung
$G_g(j\omega)$	µm/N	Gerichtete dynamische Nachgiebigkeit
$G_{ii}(j\omega)$	µm/N	Dynamische Nachgiebigkeit
K	N/m	Steifigkeitsmatrix
K_i	N/mm^2	Zerspankraftkoeffizient
K_{ic}	N/mm	Zerspankraftkoeffizient für lineares Kraftmodell
K_{ie}	N/mm^2	Zerspankraftkoeffizient für lineares Kraftmodell
M	kg	Massenmatrix
R_k	µms/N	Imaginärteil der modalen Nachgiebigkeit
S		Stabilitätsindex
S_k	µm/N	Realteil der modalen Nachgiebigkeit
T		Transformationsmatrix
$T_{t,i}$	s	Spezifische Totzeit der Schneide i
T_t	s	Totzeit
$Z_{Fräs}$	mm^3/min	Zeitspanungsvolumen bei der Fräsbearbeitung
Z_{LDreh}	mm^3/min	Zeitspanungsvolumen bei der Längsdrehbearbeitung

Kleinbuchstaben

Zeichen	Einheit	Benennung
a_{cr}	mm	Kritische Grenzschnitttiefe
a_p	mm	Schnitttiefe
b	mm	Schnittbreite
b_{cr}	mm	Kritische Grenzschnittbreite
b/a		Verhältnis der Werkzeugzähneverteilung
d	mm	Werkstückdurchmesser
$d_{F,Fi}$		Kraftrichtungsfaktor
$d_{i,xd}$		Verlagerungsrichtungsfaktor
$d_{L,rad}$	Ns/m	Radiale Dämpfung des Lagers
$d_{L,verdreh}$	Nms/rad	Verdrehdämpfung des Lagers
f	Hz	Frequenz
f_0	Hz	Eigenfrequenz
f_{cr}	Hz	Kritische Resonanzfrequenz
f_n	Hz	Natürliche Eigenfrequenz
f_u	mm/U	Vorschub pro Umdrehung
f_z	mm/Z	Zahnvorschub
$f_{z,i}$	mm/Z	Spezifischer Zahnvorschub der Schneide i
h	mm	Spanungsdicke
h_w	µm	Wechselwert für bilineares Zerspankraftmodell
k		Modenummer
k_{cb}	N/mm^2	Spezifischer Zerspankraftkoeffizient
$k_{L,rad}$	N/m	Radiale Steifigkeit des Lagers
$k_{L,ax}$	N/m	Axiale Steifigkeit des Lagers
$k_{L,verdreh}$	Nm/rad	Verdrehsteifigkeit des Lagers
$1-m_i$		Steigungswert
n	1/min	Drehzahl
r_i	mm	Radialer Versatz der Schneide i
s		Scheibenzahl
t	s	Zeit
v		Scheibenindex

v_c	m/min	Schnittgeschwindigkeit
v_f	mm/min	Vorschubgeschwindigkeit
x	m	Verlagerungs- und Verdrehungsvektor aller Knoten
$\dot{x}$	m/s	Geschwindigkeitsvektor aller Knoten
$\ddot{x}$	m/s^2	Beschleunigungsvektor aller Knoten
x_m	m	Master-Freiheitsgrad
x_s	m	Slave-Freiheitsgrad
z		Zähnezahl des Werkzeugs

Griechische Buchstaben

Symbol	Einheit	Benennung
$\alpha_{i-1,i}$	°	Winkel zwischen der Schneide i und der Schneide i-1
κ_r	°	Einstellwinkel
λ	°	Helixwinkel des Werkzeugs
μ		Überdeckungsfaktor
τ_s	N/mm^2	Scherspannung
$\varphi(t)$	°	Zeitabhängiger Werkzeugdrehwinkel
$\varphi_{ein,\ aus}$	°	Schneidenein- und austrittswinkel
φ_i	°	Winkellage der Schneide i
ω_{0k}	Hz	Eigenkreisfrequenz des k-ten Modes
$\omega_{0,max}$	Hz	Höchste vorliegende Eigenfrequenz

Abkürzungen

Kurzzeichen	Benennung
APDL	ANSYS Parametic Design Language
BAZ	Bearbeitungszentrum
CAD	Computer Aided Design
CACE	Computer Aided Control Engineering
CMS	Component Mode Synthesis
CPU	Central Processing Unit
CSG	Constructive Solid Geometry
FEM	Finite Elemente Methode
FFT	Fast Fourier Transformation
FRF	Frequency Response Function
KGT	Kugelgewindetrieb
MKS	Mehrkörpersimulation
MKOS	Maschinenkoordinatensystem
NC	Numerical Control
PrimeCut	Software für die Stabilitätssimulation
TCP	Tool Center Point
WinFit	Software für das Fitting von Übertragungsfunktionen
WST	Werkstück
WZ	Werkzeug

1 Einleitung

Introduction

Die Bearbeitung von Werkstücken mit Hilfe spanender Fertigungsverfahren stellt eine grundlegende Vorgehensweise in einer Vielzahl industrieller Wertschöpfungsketten dar. Neben der reproduzierbaren und sicheren Fertigung spezifischer Bauteileigenschaften, wie Oberflächengüte und Einhaltung von Toleranzfeldern, ist auch die Wirtschaftlichkeit von zentraler Bedeutung für die jeweiligen Fertigungsschritte. Insbesondere bei der Fertigung mittlerer und großer Losgrößen oder bei teuren bzw. komplexen Werkstücken stellt die Wirtschaftlichkeit einen zentralen Faktor im industriellen Wettbewerb dar.

Wesentlicher Bestandteil bei der Werkstückfertigung ist die Werkzeugmaschine. Um den Anforderungen hinsichtlich einer Realisierung von hochwertigen Bauteileigenschaften und gleichzeitig einer wirtschaftlichen Fertigung gerecht zu werden, wurde in jüngster Vergangenheit sowohl die Leistungsfähigkeit der Werkzeugmaschinen als auch der Bearbeitungsprozesse signifikant gesteigert. Seitens der Werkzeugmaschinen konnten durch effektive Leichtbauweisen und leistungsstarke Vorschubantriebe die Beschleunigung und Verfahrgeschwindigkeiten erhöht werden. Demgegenüber wurden auf der Seite des Bearbeitungsprozesses durch die Verwendung von Hauptspindeln mit hohen Drehmomenten und Drehzahlen in Verbindung mit hochfesten Schneidstoffen die realisierbaren Zeitspanungsvolumen gesteigert.

Vielfach ist die vollständige Nutzung der installierten Antriebsleistung aber nicht möglich, da auftretende Prozessinstabilitäten eine wirtschaftliche Prozessparametrierung verhindern. Diese selbsterregten Schwingungen werden durch dynamische Wechselwirkungen zwischen Maschine und Prozess hervorgerufen. Da eine Werkzeugmaschine einen schwingfähigen elastischen Mehrmassenschwinger darstellt, können die dynamischen Kräfte des Fertigungsprozesses eine Werkzeugmaschine im Resonanzfall zu Schwingungen mit großen Amplituden anregen. Die Folgen dieser Schwingungen sind hohe mechanische Belastungen im Maschinensystem, die nicht selten für eine Vielzahl der eingesetzten Maschinenkomponenten in einer Beschädigung oder einer starken Verkürzung der Lebensdauer resultieren. Dies führt zu einem hohen Instandhaltungs- und Wartungsaufwand, der mit einem Stillstand der Werkzeugmaschine und somit einem Produktivitätsverlust verbunden ist. Auch dem Werkzeug drohen auf Grund der hohen Bearbeitungskräfte und Schwingungsamplituden ein erhöhter Verschleiß und gegebenenfalls sogar eine Beschädigung des Werkzeugs. Auf der Seite des Werkstücks können die hohen Schwingungsamplituden zu unzulässigen Spanabnahmen führen, die als Oberflächendefekte und Rattermarken vielfach die zu fertigenden Bauteileigenschaften verletzen. Die Folgen für das Werkstück sind dementsprechend hohe Qualitätsverluste oder sogar Ausschuss.

Um eine prozessstabile Nutzung der installierten Antriebsleistung zu ermöglichen, kann das strukturmechanische Verhalten einer Werkzeugmaschine verbessert werden. Dieser Aspekt bekommt bei größeren Antriebsleistungen und gleichzeitig optimierten Strukturbauteilen einen wesentlichen Stellenwert. Ein Hilfsmittel zur Untersuchung des strukturdynamischen Verhaltens ist der virtuelle Prototyp, der es ermöglicht, schon im Entwicklungsprozess einer Werkzeugmaschine das statische und dynamische Verhalten mit Hilfe eines Simulationsmodells der Maschine abzuschätzen und wenn möglich zu verbessern. In der jüngsten Vergangenheit wurden des Weiteren in einer Vielzahl von Forschungsarbeiten unterschiedliche Vorgehensweisen zur Kopplung der virtuellen Prototypen mit Modellen von Fertigungsprozessen untersucht. Eine verbreitete industrielle Nutzung dieser Vorgehensweisen ist aber nicht gegeben, da einerseits die Qualität der verwendeten Modelle noch keine zuverlässigen Aussagen ermöglicht und andererseits die Kopplung selbst einen hohen Aufwand bei der Modellierung und dem Datenhandling verursacht. Für den Entwicklungsprozess von Werkzeugmaschinen fehlt daher eine konsistente, effiziente und zuverlässige Vorgehensweise, um virtuelle Prototypen hinsichtlich ihrer Prozessstabilität zu bewerten.

Ziel dieser Dissertation ist es, eine Vorgehensweise zu erarbeiten, mit der die Prozessstabilität als effizientes und zuverlässiges Bewertungskriterium im Entwicklungsprozess verwendet werden kann. Wesentlicher Bestandteil einer solchen Vorgehensweise ist die Simulation der dynamischen Wechselwirkungen zwischen Maschine und Prozess. Dafür werden im Rahmen dieser Arbeit auf Grundlage des aktuellen Stands der Technik die Anforderungen und Randbedingungen einer solchen Simulation festgehalten. Darauf aufbauend werden zwei mögliche Simulationsansätze erarbeitet, verifiziert und systematisch gegenübergestellt. Auf Basis dieser Ergebnisse wird zum Schluss eine Vorgehensweise für den Entwicklungsprozess abgeleitet und in mehreren Anwendungsbeispielen vorgestellt.

Introduction

The machining of work pieces by the help of metal cutting processes is a fundamental approach in many industrial value chains. In addition to a reproducible and reliable production of specific work piece properties, like surface quality and adherence to tolerance zones, also the productions costs are of central importance for the production steps. Economic efficiency is a central factor in industrial competition, particularly in relation to the production of medium and large batch sizes or expensive and complex work pieces.

Machine tools are essential components within the production process of work pieces. Recently, both machine tool and machining process efficiency have been raised significantly in order to meet the requirements of realizing high-quality component attributes and to cope with an economic production at the same time. With regard to the machine tool efficiency, acceleration and feed rates were increased by effective light-weight build and high-performance drives. In contrast to this, on the part of machining processes the realizable material removal rates were elevated by the use of main spindles with high torques and high driving speeds in connection with high-strength cutting materials.

Many times, the complete use of the installed spindle power is not possible because process instabilities inhibit an economic process parameterization. These self-excited oscillations are caused by dynamic interactions between machine tool and cutting process. As a machine tool represents an elastic multi-mass oscillator, dynamic cutting forces are able to cause oscillations with high amplitudes in case of resonance. As a consequence, high mechanical loads occur within the machine system, which often result in damage or shortage of the life time for many used machine components. This leads to high repairs and maintenance cost that involve a machine tool shut-down and therefore a loss of productivity. Also for the used tools, a thread of elevated abrasion and even damage is given due to high chipping forces and oscillation amplitudes. On part of the work piece, high oscillation amplitudes are possible to lead to incorrect chip removals, which bring up impermissible component attributes in form of surface defects and chatter marks. According to these effects, resulting consequences for the work pieces are high quality losses or even wastage.

In order to enable a process-stable use of the installed drive power, the structural mechanical behavior of a machine tool can be improved. This aspect becomes very important in regard to the high power of the feed drives together with optimized structural components. The virtual prototype is a useful support for the investigation of the structural dynamic behavior. By the help of a simulation model of the machine tool, the virtual prototype enables the estimation and if necessary the correction of the static and dynamic behavior already during the design process. Furthermore, a variety of research work recently followed different approaches of linking the virtual prototypes with models of production processes. As a lack of quality of the models in use, they still do not supply reliable information and software linking leads to a high effort in modeling and data handling. A wide-spread industrial use of those virtual approaches does not exist. Hence, in order to assess virtual prototypes regarding process stability in the design process of a machine tool, a consistent, efficient and reliable approach is still missing.

The goal of this dissertation is to develop an approach that enables the use of process stability as an efficient and reliable assessment criterion in the design process of machine tools. An essential part of such an approach is the simulation of dynamic interactions between machine tool and cutting process. For this purpose, requirements and boundary conditions of such a model are documented on the basis of the state of the art within the framework of this work. Two possible simulation approaches are worked out, verified and systematically compared with each other. On the basis of these results, an approach for the development process is finally deduced and presented in several application examples.

2 Stand der Technik

State of the art

2.1 Dynamisches Verhalten von Werkzeugmaschinen

Dynamic behaviour of machine tools

Eine effiziente Bauteilfertigung mit Hilfe von Werkzeugmaschinen erfordert es, die zur Verfügung stehende Leistungsfähigkeit der Maschine in vollem Umfang auszunutzen. Bei einer solchen Nutzung muss das Verhalten einer Werkzeugmaschine, das in statisches, dynamisches und thermisches Verhalten unterteilt werden kann, berücksichtigt werden. Die heutzutage für eine wirtschaftliche Bauteilfertigung geforderten hohen Materialabtragsraten resultieren insbesondere in einer dynamischen Belastung des Maschinensystems, da hohe Hauptspindeldrehzahlen bei gleichzeitig hohen Schnitttiefen und Vorschubwerten zu hohen Zerspankräften mit schnell wechselnden Kraftangriffsrichtungen führen. Die Kenntnis, mit welchem dynamischen Verhalten ein Maschinensystem auf diese dynamischen Zerspänkräfte reagiert, bildet die Grundlage für die Steigerung der Wirtschaftlichkeit von Maschinen und Prozessen [ALTI05], [WECK06a]. Im Folgenden werden sowohl die für Werkzeugmaschinen relevanten Schwingungsarten als auch die Methoden zur messtechnischen Erfassung und Berechnung des dynamischen Maschinenverhaltens erläutert.

2.1.1 Schwingungsarten in Werkzeugmaschinen

Vibrations in machine tools

Mechanische Systeme reagieren auf dynamische Kräfte mit Schwingungen der Strukturkomponenten. Die für spanende Werkzeugmaschinen relevanten Schwingungsarten können, wie in Bild 2.1 dargestellt, in fremderregte und selbsterregte Schwingungen unterteilt werden [WECK06a].

Bei fremderregten Schwingungen, Bild 2.1 links, wird die Energie für die Schwingung von außen in das System eingebracht. Beispiele aus dem Bereich der Werkzeugmaschinen sind der Messereingriffsstoß oder über das Fundament eingeleitete Störkräfte. Charakteristisch für fremderregte Schwingungen ist, dass das System bei einer impulsartigen Anregung mit dem Spektrum seiner Eigenfrequenzen und bei einer periodischen Anregung mit der Frequenz der Anregungskräfte antwortet. Während bei einer impulsartigen Anregung die Schwingungsamplituden exponentiell abklingen, besteht bei einer periodischen Anregung die Gefahr, dass sehr große Amplituden entstehen können, wenn die Anregungsfrequenz nahe einer Eigenfrequenz liegt [ALTI04], [WECK06a].

Demgegenüber stammt bei selbsterregten Schwingungen, Bild 2.1 rechts, die Energie für die Schwingung aus dem Fertigungsprozess selbst. Als Beispiele für diese Schwingungsart können Regenerativeffekt, Lagekopplung und das Grundrauschen der Schnittkräfte genannt werden.

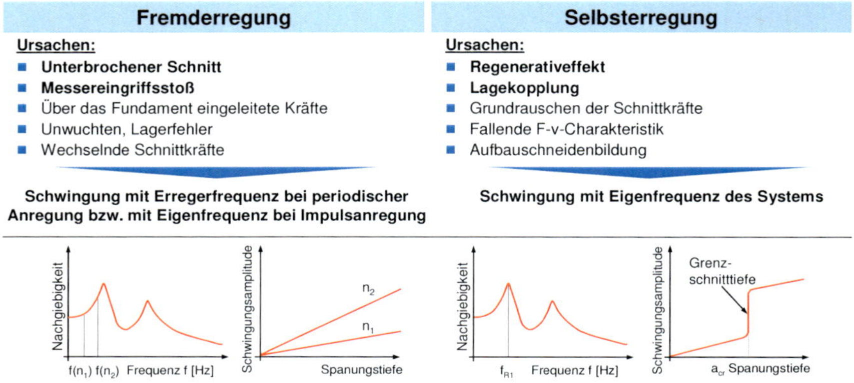

Bild 2.1: Schwingungen in Werkzeugmaschinen [WECK06a]

Machine tool vibrations [WECK06a]

Charakteristisch für selbsterregte Schwingungen ist, dass das System vornehmlich mit einer seiner dominanten Eigenfrequenzen schwingt und dass sehr schnell große Schwingungsamplituden entstehen können. Die Bildung von Aufbauschneiden und die fallende Kraft-Geschwindigkeitscharakteristik spielen jedoch heutzutage bei der Verwendung moderner Werkzeuge eine vernachlässigbare Rolle. Da die durch den Regenerativeffekt hervorgerufenen Schwingungsphänomene einen besonderen Einfluss auf das Prozessverhalten von Werkzeugmaschinen besitzen, wird dieser Effekt in Kapitel 2.3.1 detaillierter erläutert [ALTI04], [WECK06a].

2.1.2 Messtechnische Ermittlung des dynamischen Maschinenverhaltens

Metrological analysis of the dynamic behaviour of machine tools

Im Folgenden werden die für diese Arbeit relevanten Verfahren zur messtechnischen Charakterisierung des dynamischen Maschinenverhaltens vorgestellt. Das erste messtechnische Verfahren, die Messung von Nachgiebigkeitsfrequenzgängen, ermöglicht es, eine quantitative Beschreibung des dynamischen Maschinenverhaltens zu ermitteln, vgl. Bild 2.2. Dazu werden dynamische Kräfte in das Maschinensystem eingeleitet und mit einem Kraftmesselement erfasst. Die Kräfte können entweder relativ zwischen Werkstück und Werkzeug oder absolut über ein Bauteil in die Maschinenstruktur eingeleitet werden. Je nach Möglichkeit des Erregers lassen sich sinusförmige, stochastische oder impulsförmige Kraftsignale generieren. Für die Anregung von Werkzeugmaschinen haben sich für eine Relativanregung elektrohydraulische Erreger und Piezoerreger und für eine Absolutanregung Impulshämmer als geeignet erwiesen [WECK06a]. Die aus diesen Kräften resultierenden Verlagerungen der Maschinenstruktur werden bei der Relativanregung entweder mit einem Wegsensor relativ zwischen Werkstück und Werkzeug oder absolut mit je einem Beschleunigungssensor auf Werkstück und Werkzeug erfasst. Bei der Absolutanregung wird in der Regel nur an einer Stelle mit einem Beschleunigungssensor gemessen.

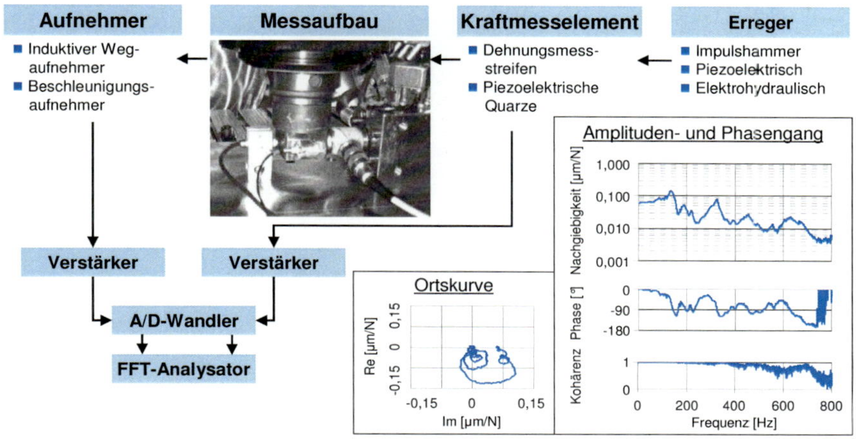

Bild 2.2: Aufbau zur Messung von Nachgiebigkeitsfrequenzgängen [WECK06a]

Setup for the measurement of compliance frequency response functions [WECK06a]

Ein entsprechend ausgestatteter Messrechner dient sowohl zur Signalgenerierung als auch zur Auswertung der erfassten Beschleunigungs-, Weg- und Kraftsignale. Die Beschleunigungssignale werden mit Hilfe des Messrechners zunächst zweifach integriert, um Wegsignale zu erhalten. Anschließend werden die Kraft- und Wegsignale mit Hilfe einer Fourier Transformation aus dem Zeitbereich in den Frequenzbereich transformiert. Dies ermöglicht die Darstellung des dynamischen Maschinenverhaltens als Nachgiebigkeitsfrequenzgang, bzw. auch Bode Diagramm genannt, in dem der Quotient aus Verlagerung und Kraft sowie die Phasenverschiebung über der Frequenz aufgetragen werden. Diese Daten können auch in den komplexen Zahlenraum übertragen und als so genannte Ortskurve dargestellt werden. Die Kohärenzfunktion dient der Überprüfung, inwieweit die eingeleitete Kraft in einem kausalen Zusammenhang zu der resultierenden Verlagerung steht. Der Wert der Kohärenzfunktion sollte für eine Messung über den untersuchten Frequenzbereich möglichst größer als 0,8 sein [NEBE99], [WECK06a].

Mit dem zweiten wesentlichen Messverfahren zur Erfassung des dynamischen Maschinenverhaltens, der experimentellen Modalanalyse, lassen sich die Eigenformen bei den Eigenfrequenzen von Maschinensystemen ermitteln, Bild 2.3. Dazu wird in einem ersten Schritt die Maschinenstruktur mit Hilfe eines Gittermodells approximiert, an dessen Knotenpunkten die jeweiligen Messpunkte liegen. Der Ort und die Anzahl der Messpunkte in dem Gitter müssen unter der Berücksichtigung sowohl des Messaufwandes als auch der geforderten Ergebnisqualität gewählt werden. Insbesondere müssen potentielle Biege- und Torsionsformen von Strukturkomponenten durch eine ausreichende Anzahl von Messpunkten berücksichtigt werden. Für Dreh- und Fräsmaschinen kleinerer bis mittlerer Größe werden heutzutage 150 bis 200

Messpunkte verwendet, um ein aussagefähiges Ergebnis über die vorliegenden Schwingungsformen zu erhalten.

Approximation der Maschinenstruktur

- Approximation der Maschinenstruktur durch diskrete Anzahl von Messpunkten
- Übertragung und Zusammenstellung der Messpunkte in Messrechner

Messung der Übertragungsfunktionen

- Räumliche Relativanregung der Maschinenstruktur am Tool Center Point
- Sequentielle Messung des Schwingungsverhaltens an allen Messpunkten

Fitting der Messdaten

- Auswertung der Messdaten mit Hilfe eines geeigneten Fitting-Algorithmus
- Darstellung der modalen Schwingungsformen hinsichtlich Eigenform und Eigenfrequenz

Bild 2.3: Vorgehensweise bei der experimentellen Modalanalyse
Approach of the experimental modal analysis

Im zweiten Schritt erfolgen die Anregung des Maschinensystems und die Messung an den einzelnen Knotenpunkten des Messgitters. Dazu wird das Maschinensystem in der Regel mit Hilfe eines Relativerregers zwischen Werkstück und Werkzeug räumlich, d.h. in alle drei Raumrichtungen gleichzeitig, angeregt. Das Kraftsignal kann bei der Anregung entweder sinusförmig oder stochastisch im interessierenden Frequenzbereich sein. Parallel zu der Anregung werden nacheinander mit einem triaxialen Beschleunigungsaufnehmer an jedem der vorher festgelegten Messpunkte die Beschleunigungen für die drei Raumrichtungen X, Y und Z aufgenommen. Diese werden im Messrechner in Form von Übertragungsfrequenzgängen gespeichert.

Im letzten Schritt erfolgt das so genannte „Curve-Fitting", mit dem das Datenvolumen der vielen einzelnen Übertragungsfunktionen auf eine mathematische Beschreibung als Polynomfunktion reduziert werden kann. Dazu werden bei der Approximation mit Hilfe komplexer analytischer Gleichungen für jede relevante Eigenschwingungsform und jeden Strukturpunkt die modalen Parameter Nachgiebigkeitsvektor, Frequenz und Dämpfung bestimmt. Als Ergebnis dieser Reduktion können die Schwingungsformen des Maschinensystems animiert dargestellt werden [WECK06a].

2.1.3 Simulation des strukturmechanischen Verhaltens

Simulation of the structural mechanic behaviour

Der hohe Kosten- und Zeitdruck bei der Entwicklung von Werkzeugmaschinen erfordert die zielgerichtete Anwendung von Simulationsmethoden in den verschiedenen Entwicklungsphasen. Zur Verbesserung des strukturmechanischen Verhaltens stellt heutzutage insbesondere die Verwendung eines virtuellen anstelle eines realen physikalischen Prototyps ein wesentliches Hilfsmittel bei der wirtschaftlichen Entwicklung von Werkzeugmaschinen dar [ALTI05], [BREC10a], [FLEI08], [WITT07]. Virtuelle Prototypen erlauben es, schnell und kostengünstig Schwachstellen der Maschinenauslegung an einem Simulationsmodell zu identifizieren und Verbesserungsmaßnahmen abzuleiten und zu bewerten, vgl. Bild 2.4. Je nach Zielsetzung der Simulation stehen verschiedene industriell etablierte Simulationsmethoden zur Verfügung, die sich in Aufbau und Untersuchungsgenauigkeit unterscheiden. Im Folgenden werden Simulationsmethoden vorgestellt, die sich im Rahmen dieser Arbeit zur Abbildung des strukturmechanischen Verhaltens von Werkzeugmaschinen als vorteilhaft herausgestellt haben.

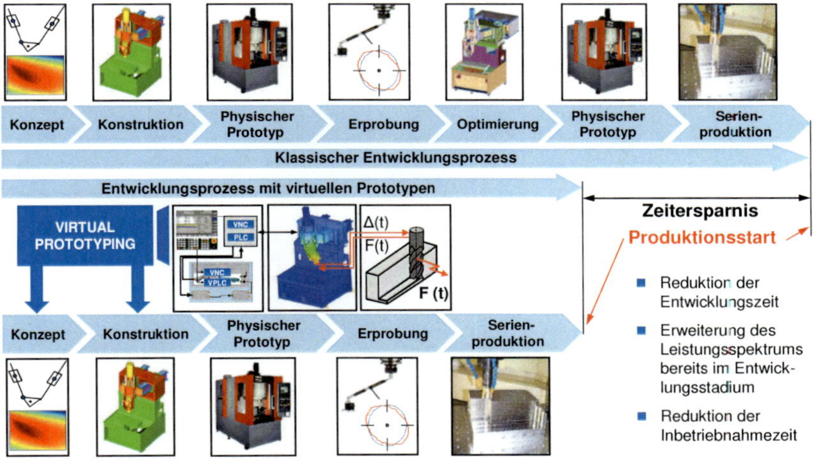

Bild 2.4: Verkürzung der Entwicklungszeit durch die Nutzung virtueller Prototypen [ALTI05]
Reduction of the development time with the use of virtual prototypes [ALTI05]

Finite Elemente Methode

Die Finite Elemente Methode (FEM) ist eine industriell stark verbreitete Berechnungsmethode mit vielfältigen Möglichkeiten für die Berechnung des Verhaltens einzelner Bauteile oder auch ganzer Baugruppen. Der Grundgedanke der FEM ist die Diskretisierung komplexer Bauteilgeometrien mit Hilfe einer endlichen Anzahl einfacher Elemente. Benachbarte Elemente sind jeweils über Knoten miteinander verbunden. Der Verlauf einer gesuchten Größe, wie beispielsweise die Verlagerung eines Knotens, kann für jedes Element mit Hilfe einer Ansatzfunktion angenähert werden. Die einzelnen elementbezogenen Ansatzfunktionen werden an den Knoten diskret ausgewertet, wodurch das Gesamtverhalten des Bauteils bestimmt werden kann [COOK01]. Da im Rahmen dieser Arbeit das strukturmechanische Verhalten im Vordergrund steht, werden die weiteren Möglichkeiten der FEM, wie thermisches Verhalten und Optimierungsmaßnahmen, nicht weiter betrachtet [KLEI10].

Üblicherweise ist zur Diskretisierung einer Struktur eine große Zahl verschiedener Elemente in den FE-Programmen hinterlegt. Für diese Elemente sind die Massenmatrix M, die Dämpfungsmatrix C und die Steifigkeitsmatrix K bereits bestimmt. Diese Vorarbeit ist für die verschiedenen Verschiebungsansatzfunktionen, beispielsweise für lineare oder parabolische Funktionen, erfolgt. Bild 2.5 gibt eine Zusammenfassung über die für den Maschinenbau gängigen Elemente und ihre Freiheitsgrade bzw. die übertragbaren Lasten. Eine Scheibe beispielsweise überträgt nur Kräfte in der von ihr aufgespannten Ebene. Das heißt, die belastenden Kraftvektoren liegen in dieser Ebene, die belastenden Momentenvektoren stehen senkrecht darauf. Die Lastvektoren greifen immer an den Knoten des FE-Elements an.

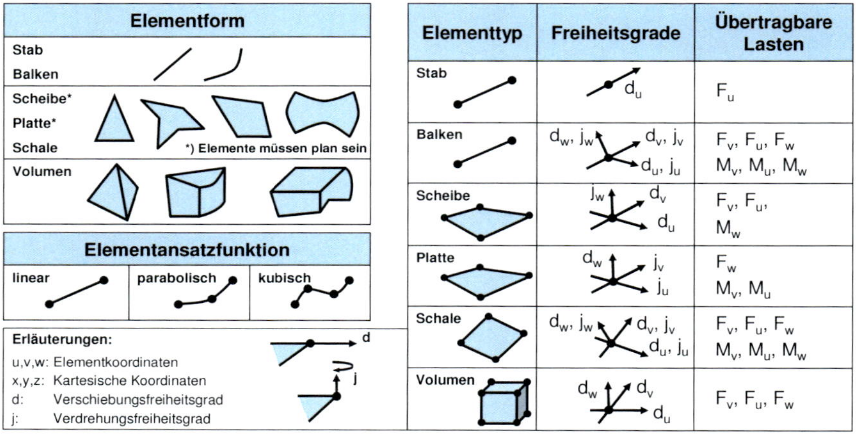

Bild 2.5: Typische Finite Elemente für den Werkzeugmaschinenbau [WECK06b]

Characteristic finite elements in the machine tool building [WECK06b]

Zur Beurteilung der Qualität der generierten Finiten Elemente werden verschiedene Kriterien herangezogen. Diese können sich zudem je nach Elementform unterscheiden. In der Regel werden innerhalb des FE-Programms für diese Kriterien Schwellenwerte vorgegeben. Somit kann überprüft werden, ob die Elemente des erstellten Netzes innerhalb dieser Schwellenwerte liegen. Bild 2.6 zeigt ausgewählte Elementeigenschaften von zweidimensionalen Elementen, wie sie zur Definition von Schwellenwerten herangezogen werden können.

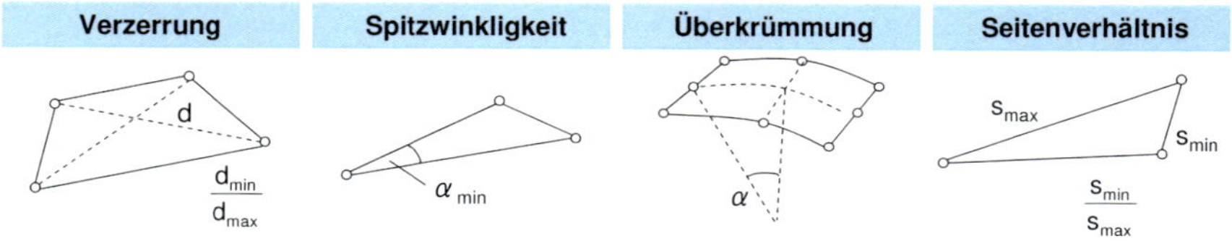

Bild 2.6: Beispiele für Bewertungskriterien von Finiten Elementen [KLEI07]

Examples of assessment criterions of finite elements [KLEI07]

Für die Berechnung des statischen und dynamischen Verhaltens von Bauteilen mit Hilfe der FEM kann ausgehend von der Differentialgleichung der Mechanik eine Gleichung in entsprechender Matrixschreibweise aufgestellt werden [STEL08], [WECK06b]:

$$M \cdot \ddot{x} + C \cdot \dot{x} + K \cdot x = F(t)\,. \tag{2.1}$$

Diese Gleichung beinhaltet neben der Massenmatrix M, der Dämpfungsmatrix C und der Steifigkeitsmatrix K für die Knotenpunkte den jeweiligen Beschleunigungsvektor $\ddot{x}$, den Geschwindigkeitsvektor $\dot{x}$, den Verschiebungsvektor x sowie den zeitabhängigen Kraftvektor F(t). Ist lediglich das statische Verhalten von Interesse, kann die Gleichung 2.1 reduziert werden, da keine zeitabhängigen Terme wie Beschleunigungen oder Geschwindigkeiten berücksichtigt werden müssen [WECK06b]:

$$K \cdot x = F\,. \tag{2.2}$$

Bei der Simulation von Werkzeugmaschinen steht oftmals die Berechnung der Eigenformen und Eigenfrequenzen im Vordergrund. Diese können ebenfalls auf Grundlage der Gleichung 2.1 durch eine reduzierte Gleichung ermittelt werden. Da dazu lediglich die ungedämpften, freien Schwingungsformen berechnet werden, ist es möglich, die Dämpfungsmatrix C, den Geschwindigkeitsvektor $\dot{x}$ sowie den Kraftvektor F(t) zu vernachlässigen [STEL08], [WECK06b]:

$$M \cdot \ddot{x} + K \cdot x = 0\,. \tag{2.3}$$

Beispielhaft ist die Vorgehensweise bei der Berechnung des statischen und dynamischen Maschinenverhaltens in Bild 2.7 dargestellt. Ausgehend von einem Konstruktionsentwurf, der meist vom Maschinenhersteller in Form von CAD-Daten zur Verfügung gestellt wird, erfolgt zunächst im Hinblick auf die festgelegten Simulationsziele die Aufbereitung der Daten für die Vernetzung.

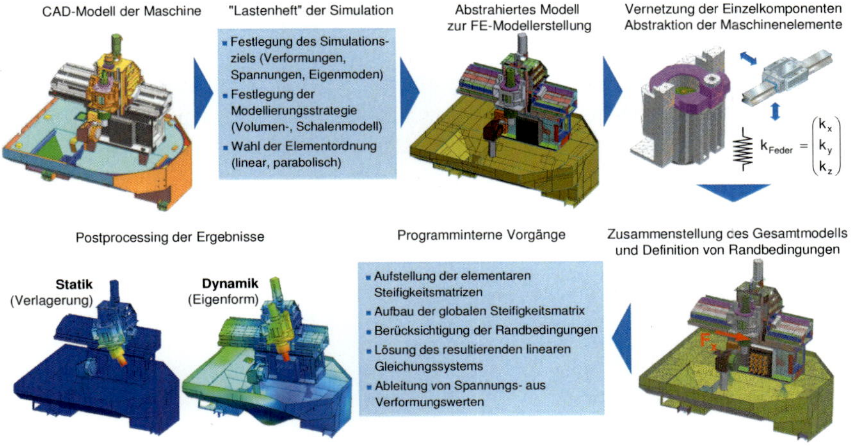

Bild 2.7: Ablauf zur Berechnung des Maschinenverhaltens mit Hilfe der FEM
Procedure for calculation of the machine tool behavior using the FEM

Dazu werden zunächst die einzelnen Strukturbauteile abstrahiert, d.h., es werden Bohrungen, Fasen und Rundungen entfernt, die keinen Einfluss auf das strukturmechanische Verhalten haben. Anschließend erfolgt die Vernetzung der Strukturbauteile mit Finiten Elementen, die der Gestaltung und Dimension der Bauteile entsprechen. Folgend werden die Maschinenelemente durch Feder-Dämpfer-Elemente approximiert, die die jeweiligen Strukturbauteile an den entsprechenden Stellen miteinander verbinden. Im letzten Schritt der Modellerstellung werden die Randbedingungen wie angreifende Lasten und Fesselungen definiert. Die programminternen Vorgänge zur Berechnung einer Lösung sowie die Auswertung der Lösung bilden den Schluss der Berechnung des statischen Verhaltens [WITT07].

Bei der Erstellung von Simulationsmodellen mit der FEM ist ein hohes Maß an Sorgfalt und Erfahrung notwendig, da bereits kleine Fehler bei der Modellerstellung einen großen Einfluss haben können. Eine Einordnung typischer Fehlerquellen in die Phasen Modellvorbereitung (Preprocessing), Lösungsverfahren und Auswertung (Postprocessing) zeigt das Bild 2.8.

Preprocessing	Lösungsverfahren	Postprocessing
▪ fehlerhafte Idealisierung	▪ falsche Randbedingungen	▪ fehlerhafte Interpretationen
▪ ungeeignete Elemente	▪ ungeeignetes Lösungsverfahren	▪ ungeeignete Darstellung
▪ schlechte Vernetzung	▪ zu grobes Konvergenzkriterium	
▪ verletzte Kompatibilität		
▪ ungenaue Materialdaten		

Bild 2.8: Fehlerquellen bei der Anwendung der FEM
Sources of error in the application of FEM

Vorausgesetzt, die Informationen, die dem Anwender der FEM über das technische System zur Verfügung stehen, zum Beispiel CAD-Daten oder technische Merkmale, sind korrekt, liegt die erste Fehlermöglichkeit in einer fehlerhaften Idealisierung des Maschinenmodells. Für die Vernetzung können unpassende Elemente ausgewählt werden oder auch unzulässige Kombinationen von Elementen erfolgen. Des Weiteren gilt für die Elementknoten, dass jedem Knoten eines Elements ein Partnerknoten eines anderen Elements zugeordnet werden muss [KLEI10]. Nur so kann ein Aufklaffen des FE-Netzes an unverbundenen Knoten vermieden werden. Auch die gewählte Elementform beeinflusst die Netzqualität. Hinsichtlich präziser Berechnungsergebnisse und eines stabilen Lösungsverfahrens ist eine hohe Qualität der Finiten Elemente anzustreben, die mit verschiedenen zuvor vorgestellten Bewertungskriterien berechnet werden kann.

Ein ungeeignetes Lösungsverfahren kann genauso wie ein zu grobes Konvergenzkriterium und falsche Randbedingungen zu falschen und somit zu nicht verwertbaren Ergebnissen führen. Selbst wenn die Modellvorbereitung und die FE-Rechnung erfolgreich durchgeführt wurden, können falsche Resultate durch eine ungeeignete Darstellung oder fehlerhafte Interpretationen das Ergebnis der gesamten FE-Berechnungsaufgabe sein. Auch unter Berücksichtigung, dass sich die erwähnten

Fehler aufsummieren können, stellt die Methode der Finiten Elemente eine der genauesten Rechenmethoden dar [KLEI10]. Daher wurde die Verwendung der FEM im Werkzeugmaschinenbau bereits in vielen Arbeiten eingehend untersucht bzw. weiterentwickelt und ist bis heute Gegenstand verschiedener Forschungsprojekte [ALBE95], [ALTI05], [BREC10a], [BREC10b], [FLEI08].

Mehrkörpersimulation mit starren Körpern

Die Mehrkörpersimulation (MKS) mit starren Körpern ermöglicht es, Bauteile an Koppelstellen mit Hilfe von Gelenken sowie Kraftelementen zu verbinden und hinsichtlich ihres Verhaltens zueinander zu berechnen. Für die Verbindungen mit Gelenken können beispielsweise Dreh- und Schraubengelenke und für die Verbindungen mit Kraftelementen Federn und Dämpfer verwendet werden. Die Körper lassen keine Eigenverformungen zu und sind lediglich über Massen- und Trägheitseigenschaften definiert. Zur Berechnung des Mehrkörpermodells wird ein gekoppeltes System aus Differentialgleichungen und algebraischen Gleichungen aufgestellt, das iterativ gelöst werden muss [SCHW99]. Die Mehrköpersimulation umfasst im Wesentlichen folgende Analysen:

- Kinematik: Die Bewegung eines Körpers wird vorgegeben und die darauf über der Zeit folgenden Bewegungen der anderen Körper werden berechnet.
- Dynamik: Eine äußere Kraft wird aufgegeben und die darauf über der Zeit folgenden Bewegungen der anderen Körper werden berechnet.
- Inverse Dynamik: Die Bewegung eines Körpers wird vorgegeben und die erforderlichen Antriebskräfte sowie die Kräfte zwischen den Körpern werden berechnet.

In der Entwicklungsphase von Werkzeugmaschinen wird die Mehrkörpersimulation mit starren Körpern zum Beispiel zur Berechnung des Antriebsverhaltens parallelkinematischer Strukturen genutzt [ALTI05].

Mehrkörpersimulation mit flexiblen Körpern

Eine Erweiterung der Mehrkörpersimulation mit starren Körpern stellt die Verwendung flexibler Körper dar, mit denen die Berücksichtigung von Eigenverformungen eines Körpers wie Biegung und Torsion ermöglicht wird. Auch diese flexiblen Körper lassen sich an den Koppelstellen mit Gelenken und Kraftelementen verbinden. Die Flexibilität eines einzelnen Körpers wird zur Reduzierung der Rechenzeit mit einer lediglich auf die Koppelstellen reduzierten Berücksichtigung der modalen Eigenschaften realisiert. Diese Reduktion ist notwendig, da bei einer MKS-Berechnung im Zeitbereich alle Freiheitsgrade eines Körpers berücksichtigt werden müssen. Die Reduktion erfolgt durch eine entsprechende Berechnung eines FE-Modells auf Basis der Theorie von Craig und Bampton [CRAI68]. Der so berechnete flexible Körper besitzt Informationen sowohl über das statische Verformungsverhalten als auch über Eigenformen und Eigenfrequenzen und kann über eine Schnittstelle in die MKS-Software eingebunden werden [QUEI05], [ALTI05].

Gekoppelte Mehrkörpersimulation mit flexiblen Körpern

Eine für die Entwicklung von Werkzeugmaschinen zusätzliche relevante Erweiterung zur MKS mit flexiblen Körpern besteht in der Kopplung von MKS-Modellen mit Computer Aided Control Engineering Programmen (CACE), wie zum Beispiel MATLAB/Simulink. Diese Kopplung ermöglicht es, bei einer Simulation im Zeitbereich zu diskreten Zeitschritten Werte aus dem MKS-Modell zu lesen, diese in einem Modell der CACE Software auszuwerten und anschließend neu berechnete Werte in das MKS-Modell einzusteuern. Modelle, die mit der Strukturdynamik gekoppelt werden können, sind beispielsweise Regelkreise von Vorschubantrieben und Kraftmodelle von Fertigungsprozessen [ALTI05], [BREC02], [QUEI05], [WECK06b], [WITT07].

Da bei der Erstellung der flexiblen Körper mit Hilfe einer Reduktion des FE-Modells das strukturdynamische Verhalten auf einzelne Koppelstellen bezogen wird, sind große Relativbewegungen zwischen den Knoten einer Koppelstelle problematisch. Zwar können unter Verwendung eines mit den Regelkreisen der Vorschubantriebe gekoppelten MKS-Modells Verfahrbewegungen simuliert werden, diese gelten aber nur für kleine Bewegungen in der Nähe des Arbeitspunktes. Für große Verfahrbewegungen, wie beispielsweise ein virtueller Kreisformtest, wurde eine Routine erarbeitet, mit der die bei einer Bewegung auftretenden Kräfte auf verschiedene Koppelstellen entsprechend aufgeteilt werden [HOFF08].

2.2 Zerspankräfte bei der spanenden Bearbeitung

Cutting forces in machining

Bei der spanenden Bearbeitung mit geometrisch bestimmter Schneide treten in einem Schnittprozess Zerspankräfte zwischen Werkstück und Werkzeug auf. Um eine anspruchsgerechte Dimensionierung des Maschinensystems zu gewährleisten und um fertigungsgerechte Prozessparameter zu bestimmen, müssen die zu erwartenden Zerspankräfte zuvor abgeschätzt werden. Dies kann mit einem Zerspankraftmodell des Bearbeitungsprozesses geschehen. Für die Parametrierung eines Zerspankraftmodells und zur Verifikation der Berechnungsergebnisse ist es zunächst notwendig, messtechnisch Zerspankräfte in Referenzversuchen zu ermitteln. Die Berechnung der Zerspankräfte kann anschließend mit verschiedenen Ansätzen geschehen.

2.2.1 Messtechnische Ermittlung von Zerspankräften

Metrological analysis of cutting forces

Die gesamte an einer Schneide wirkende Zerspankraft kann entsprechend der Schnittrichtung des Werkzeugs in die Bestandteile Passivkraft F_p, Schnittkraft F_c und Vorschubkraft F_f aufgeteilt werden. Beispielhaft kann für die Längsdrehsbearbeitung die Zerspankraft, wie in Bild 2.9 dargestellt, in die jeweiligen Bestandteile aufgeteilt werden. Für die Größe und Richtung der Kraft sind die gewählten Prozessparameter wie beispielsweise Drehrichtung, Schnitttiefe und Vorschub relevant.

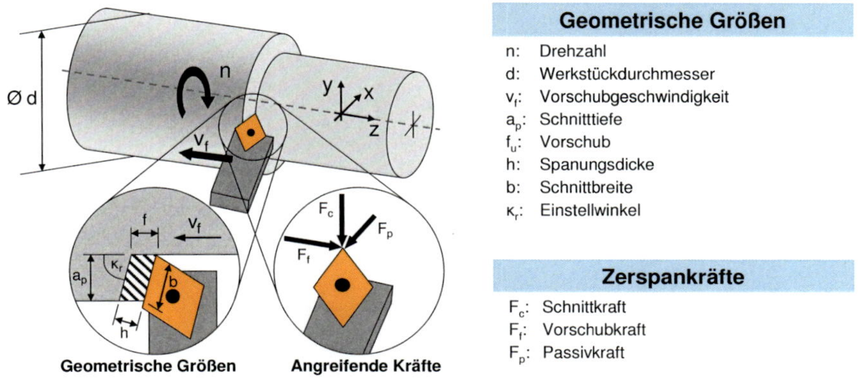

Bild 2.9: Geometrische Größen und Zerspankräfte beim Längsdrehen
Geometric sizes and cutting forces in turning

Allgemein üblich ist die messtechnische Ermittlung von Zerspankräften mit Hilfe einer Kraftmessplattform. Dieses Messsystem wird möglichst nahe an der Zerspanstelle im Kraftfluss angebracht und kann je nach Anwendungsfall und Fertigungsverfahren entweder das Werkstück oder das Werkzeug aufnehmen [KLOC08], [WITT07]. Ein Beispiel für eine Messung von Zerspankräften in einem Längsdrehprozess ist in Bild 2.10 dargestellt.

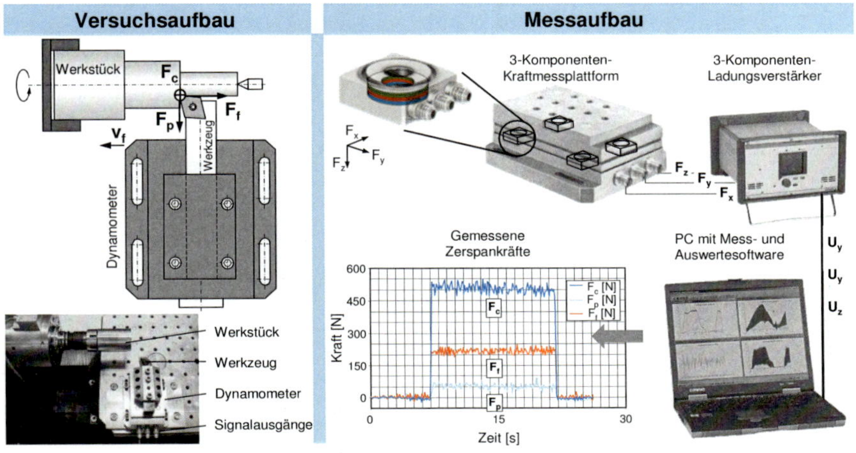

Bild 2.10: Messtechnische Ermittlung von Zerspankräften
Metrological identification of cutting forces

Das Messprinzip einer Kraftmessplattform basiert auf der Erfassung von Kräften in einem festgelegten Koordinatensystem mit Hilfe von piezoelektrischen Dreikomponenten-Kraftsensoren. Die von den piezoelektrischen Kraftmesszellen ausgegebenen Ladungssignale werden von einem Ladungsverstärker aufbereitet und anschließend von einem Messrechner verarbeitet.

Es existiert eine Vielzahl weiterer Verfahren zur messtechnischen Ermittlung von Zerspankräften. Möglich sind beispielsweise die Auswertung des Motorstroms der Hauptspindel, die Dehnungsmessung an Strukturkomponenten im Kraftnebenfluss mit Hilfe von Dehnungsmessstreifen oder die Verwendung eines rotierenden Zerspankraftdynamometers, das die Kräfte zwischen Werkzeug und Hauptspindel erfasst [KLOC08], [WECK06c].

2.2.2 Analytische Kraftmodelle für Zerspanprozesse

Analytical cutting force models for cutting processes

Die Berechnung einer Zerspankraft kann mit analytischen Modellierungen erfolgen, die sich dadurch kennzeichnen, die relevanten Phänomene des Zerspanprozesses mit Hilfe von geschlossenen mathematischen Ausdrücken zu beschreiben. Diese Ausdrücke ergeben sich aus der genauen Betrachtung des Zerspanprozesses hinsichtlich dynamischer, geometrischer, kinetischer, mechanischer oder thermischer Abläufe. Zur Beschreibung der Eigenschaften der verwendeten Schneid- und Werkstoffe müssen diese Ausdrücke zusätzlich um experimentell gewonnene Daten erweitert werden [ZABE10]. Die jeweils unterschiedlichen analytischen Kraftmodelle können, wie in Bild 2.11 dargestellt, in drei Gruppen aufgeteilt werden [WITT07].

Mechanistische Modelle	Modelle auf Basis von Potenzfunktionen		Lineare Modelle
z.B. nach Ernst & Merchant, Fang. et al. $F_s = \tau_s \cdot \left(\frac{b \cdot h}{\sin \phi_c}\right)$	z.B. nach Kienzle $F_i = b \cdot K_{i1.1} \cdot h^{1-m_i}$	z.B. nach Stépán, Feng $F_i = b \cdot K_i \cdot h^{x_i} + b \cdot K_i$	z.B. nach Altintas $F_i = K_{ic} \cdot b \cdot h + b \cdot K_{ie}$
	$K_{i1.1} = f(v_c, WZ / WST)$ $1\text{-}m_i = f(v_c, WZ / WST)$	$K_i = f(v_c)$ $x_i = f(\text{WZ-WS-Kombination})$	$K_{ic} = f(v_c, WZ / WST)$ $K_{ie} = f(v_c, WZ / WST)$
Kennwerte der Scherebene werden experimentell ermittelt	Ermittlung der Zerspankraftkoeffizienten erfolgt auf Basis von Zerspanversuchen		

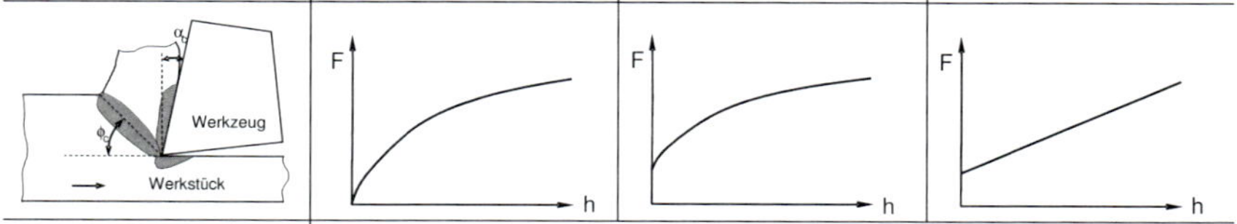

Bild 2.11: Modelle zur analytischen Beschreibung von Zerspankräften [WITT07]

Analytical formulation of cutting forces [WITT07]

Mechanistische Modelle zeichnen sich durch die Berechnung der Zerspankraft auf Basis einer angenommenen Scherebene aus. Die Scherspannung, die innerhalb dieser Scherebene für den Umformvorgang des Spans entsteht, bestimmt die Höhe der Zerspankraft. Beispiele für diesen Ansatz mit einem Scherebenenmodell sind die Modelle nach Fang [FANG02] und nach Merchant [MERC45].

Kraftmodelle mit Potenzfunktion basieren auf der Betrachtung der Kraftentwicklung als einem nichtlinearen Zusammenhang zwischen Zerspankraft und Spanungsdicke. Als Beispiele für diese Modellierung können die Modelle von Kienzle [KIEN52], Stépán [STEP00] und Feng [FENG04] genannt werden. Demgegenüber wird ein linearer Zusammenhang von Zerspankraft und Spanungsdicke bei den Modellen von Altintas [ALTI00], Tlusty [TLUS78] und Weck [WECK06a] angenommen.

Für die Simulation von dynamischen Zerspanprozessen sind analytische Kraftmodelle von besonderer Bedeutung, da sie einfach in verschiedene Simulationssysteme integriert werden können und keine hohen Rechenzeiten erfordern. Insbesondere haben sich Kraftmodelle mit Potenzfunktion sowie lineare Kraftmodelle als vorteilhaft erwiesen, da diese um zusätzliche Terme für beispielsweise Schneidkantenverschleiß und Eckenradius erweitert werden können [ESSE10], [WITT07].

2.2.3 FE-basierte Kraftmodelle für Zerspanprozesse

FE-based cutting force models for cutting processes

Zur Berechnung der Spanbildung sowie mechanischer und thermischer Effekte bei der Zerspanung an Werkstück und Werkzeug bietet die FEM eine in den letzten Jahren intensiv erforschte Möglichkeit [ZABE10]. Grundlage der Berechnungen ist die Diskretisierung des Werkstücks mit einem feinen Netz, das von einem Schneidkeil entsprechend dem Zerspanungsvorgang aufgetrennt wird, vgl. Bild 2.12 unten links.

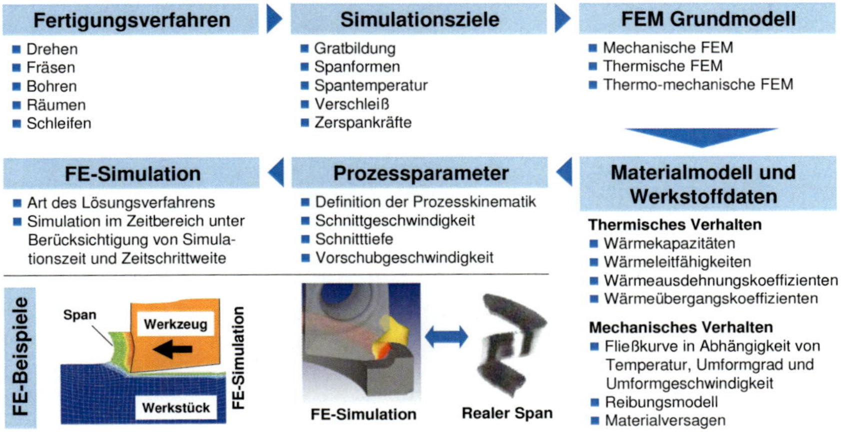

Bild 2.12: FE-basierte Berechnung der Zerspanungskräfte

FE-based calculation of cutting forces

Um die auftretenden nichtlinearen Effekte wie zum Beispiel große plastische Materialdeformation, Reibung zwischen Werkstück und Werkzeug und temperaturabhängiges Materialverhalten in der Berechnung des Zerspanungsvorganges zu berücksichtigen, muss die Berechnung im Zeitbereich mit nichtlinearen Gleichungslösern erfolgen.

Für die FE-basierte Berechnung der Zerspankräfte und wie diese in einem Maschinensystem auf das Werkstück und Werkzeug wirken, existiert bereits eine Vielzahl von Ansätzen [BREC07b], [DENK06], [ESSE10], [HEIS10], [OEZE98]. Problematisch ist jedoch, dass eine aussagekräftige Berechnung mit einem FEM-basierten Ansatz eine aufwändige Parametrierung auf Basis experimentell ermittelter Kennwerte erfordert. Zudem sind insbesondere bei der Zerspanung mit hohen Schnitttiefen die genauen Effekte an Material und Schneide noch nicht vollständig und zusammenfassend in den Simulationsansätzen abgebildet [ZABE10].

2.2.4 Geometrische Kraftmodelle für Zerspanprozesse

Geometric cutting force models for cutting processes

Ein weiterer Ansatz zur Berechnung von Zerspankräften ist die rein geometrische Betrachtung des Zerspanprozesses, bei der der Verschnitt der Werkzeugschneide durch ein entsprechend modelliertes Werkstück in einem diskreten Zeitraum betrachtet wird. Die geometrischen Modelle können in Constructive Solid Geometry Modelle (CSG-Modelle), Dexelmodelle und Voxelmodelle eingeteilt werden. Bei CSG-Modellen werden geometrisch komplexe Körper, wie etwa die Form eines Spans, als Punktemenge aufgefasst, die durch eine Folge boolescher Mengenoperationen mit Volumina generiert wird. Als Mengenoperationen dienen im Allgemeinen Vereinigung, Durchschnitt und Differenz [REQU85]. Die Zerspankraft wird anschließend auf Grundlage der erzeugten Punktemenge berechnet [SURM06], [UNGE09], [WEIN08]. In Bild 2.13 ist auf der linken Seite für einen Fräsprozess das Verfahren zur Ermittlung einer zweidimensionalen Spanform gegeben. Demgegenüber ist auf der rechten Seite von Bild 2.13 ein Beispiel für die Ermittlung der Spanform für einen 5-Achs Fräsprozess dargestellt.

Dexelmodelle und Nagelbrettmodelle bilden das Werkstück mit regelmäßig verteilten virtuellen Stäben ab, die durch eine geometrisch beschriebene Schneide an einer bestimmten Stelle durchtrennt werden. Nagelbrettmodelle lassen nur einen Höhenwert für einen virtuellen Stab zu und eignen sich daher nur für die Abbildung dreiachsiger Zerspanprozesse. Demgegenüber können bei Dexelmodellen einem virtuellen Stab mehrere Höhenwerte zugewiesen werden, womit sich Hinterschneidungen bei einer fünfachsigen Bearbeitung abbilden lassen [STAU05]. Eine Zerspankraft kann auf Basis der Gesamtlänge aller durchtrennten Stäbe bestimmt werden [ZABE10].

Die Gruppe der Voxelmodelle nähert ein Werkstückvolumen mit Hilfe einer Anzahl von meist kubischen Volumina an. Eine Bewegung der geometrisch beschriebenen Schneide durch ein solches Werkstück entfernt eine bestimmte Anzahl der Voxel.

Bei Berechnung der Zerspankraft wird die Anzahl der entfernten Voxel als Grundlage verwendet [ZABE10].

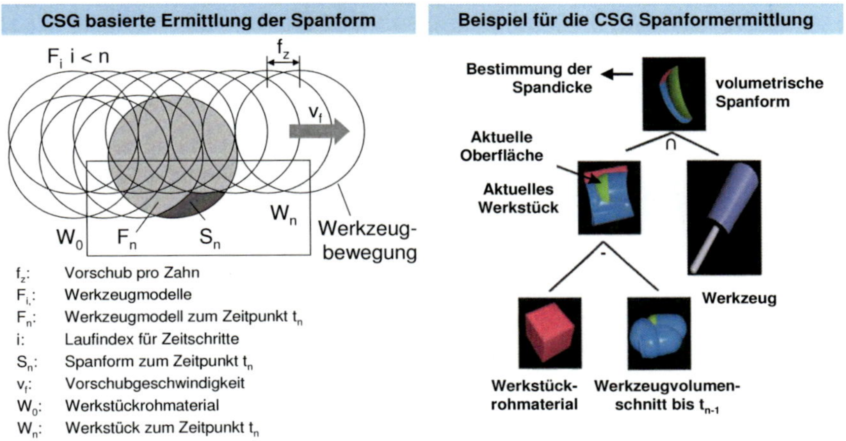

Bild 2.13: Verfahren zur Ermittlung der Spanform mit Hilfe der CSG Methode [SURM06], [WEIN08]

Procedure for determining the chip form with the help of the CSG method [SURM06], [WEIN08]

Zu jedem der drei vorgestellten geometrischen Modelle existiert eine Vielzahl von abgeleiteten Modellen, die sich beispielsweise hinsichtlich des betrachteten Fertigungsverfahrens oder der Abbildungsgenauigkeit unterscheiden. Geometrische Modelle haben sich insbesondere bei der Berechnung von fünfachsigen Fräsprozessen als besonders geeignet erwiesen, da diese eine genaue und gleichzeitig rechenzeiteffiziente Abbildung der komplexen Eingriffsverhältnisse des Werkzeugs ermöglichen [SURM06], [ZABE10].

2.3 Stabilität von Zerspanprozessen

Stability of cutting processes

Die Nutzung des gesamten Leistungsspektrums einer Werkzeugmaschine bei der spanenden Bearbeitung wird vielfach durch das Auftreten von Schwingungsphänomenen ab einer bestimmten Schnitttiefe limitiert. Ursache dafür ist in der Regel der Regenerativeffekt, der schon seit langem bekannt ist und im Fokus vieler Arbeiten stand [ARNO46], [KEGG65], [MERR65], [POLA70], [SADO56], [SMIT61], [TLUS78], [TOBI56]. Da aber die genauen Wirkmechanismen des Regenerativeffekts unter Berücksichtigung der Komplexität industrieller Fertigungsverfahren und Maschinensysteme bis heute noch nicht vollständig bekannt sind, ist dieser Effekt auch zurzeit noch Gegenstand vieler Forschungsarbeiten [ALTI05], [KERS10], [QUIN11].

2.3.1 Dynamisches Verhalten von Zerspanprozessen

Dynamic behaviour of cutting processes

Grundlage des Regenerativeffekts sind die Schwingungen durch Wechselwirkungen zwischen dem dynamischen Maschinenverhalten und dem dynamischen Prozessverhalten. Eine Erläuterung zum Aufbau des Regenerativeffekts kann mit Hilfe eines schematisch dargestellten Drehprozesses erfolgen, Bild 2.14.

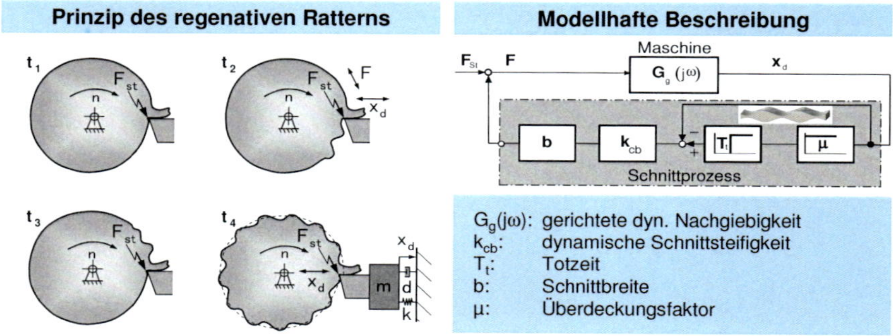

Bild 2.14: Prinzip des regenerativen Ratterns
Principle of regenerative chattering

Die in einem realen Zerspanprozess stets vorhandenen Inhomogenitäten der Zerspankraftentstehung, wie zum Beispiel das Grundrauschen der Schnittkräfte, erzeugen eine strukturmechanische Anregung des gesamten Frequenzspektrums des Maschinensystems (t_1). Als Folge dieser Anregung bildet sich in diesem Beispiel auf der bearbeiteten Oberfläche eine abklingende Welligkeit mit der dominanten Eigenfrequenz (t_2). Nach einer Umdrehung entstehen bei einem erneuten Werkzeugeingriff in diese Welligkeiten Schnittkraftschwankungen, die die Werkzeugmaschine wieder in ihrer dominanten Eigenfrequenz dynamisch anregen (t_3). Ob die Schwingungsamplitude nun regenerativ verstärkt wird, hängt von einer Vielzahl von Faktoren wie beispielsweise dem dynamischen Maschinenverhalten, dem Werkstoff und dem Zerspanprozess ab. Bei einer zu geringen Systemdämpfung oder zu hohen Schnitttiefe kann der Schwingungsvorgang nicht mehr beruhigt werden (t_4). Da die erzeugten Werkstückwelligkeiten die Schwingungen aufrechterhalten können, wird dieses Schwingungsphänomen auch „regeneratives Rattern" genannt. Sollten die Schwingungen über einen längeren Zeitraum bestehen und sich die Schwingungsamplituden vergrößern, der Prozess also insgesamt instabil sein, so besteht die Gefahr, dass Maschinensystem, Werkstück oder Werkzeug beschädigt werden [BREC10a], [QUIN11], [WECK06a].

Zur Modellbildung und zur Berechnung des Regenerativeffekts kann auf ein regelungstechnisches Grundmodell des Wechselwirkungskreises zwischen dynamischem Maschinenverhalten und dynamischem Zerspanprozess zurückgegriffen werden [ALTI04], [WECK06a]. Als Beispiel kann das Modell einer Drehbearbeitung verwendet werden, Bild 2.14 rechts. Im Vorwärtszweig des Regelkreises ist das dynamische Maschinenverhalten in Form eines gerichteten Nachgiebigkeitsfrequenzganges $G_g(j\omega)$ hinterlegt. Dieser beschreibt die dynamischen Maschinenverlagerungen in Richtung der Spandickenänderung im Bezug zur dynamischen Zerspankraftänderung in Richtung der Hauptzerspankraft. Demgegenüber ist im Rückwärtszweig das Prozessverhalten abgebildet. Das Prozessverhalten berücksichtigt zur Bildung der Zerspankraft sowohl die aktuelle Maschinenverlagerung als auch die bereits auf der Oberfläche vorhandene Welligkeit. Diese vorhandene Welligkeit entspricht der Maschinenverlagerung der vorangegangenen Werkstückumdrehung. Mit der Totzeit T_t wird die Zeit einer Werkstückumdrehung im Wirkungskreis berücksichtigt. Der Überdeckungsfaktor μ gibt das Verhältnis an, in welchem Maße die aktuelle Spanabnahme durch eine vorherige Oberfläche überlagert wird. Beispielsweise ist der Überdeckungsgrad für das Einstechdrehen 1 und für das Gewindedrehen 0. Die Schnittkraft wird in diesem stark vereinfachten linearen Kraftmodell aus der sich insgesamt ergebenden Spanungsdicke u, der Spanungsbreite b sowie der werkstoffabhängigen Schnittsteifigkeit k_{cb} berechnet. Der Vorschub bei einer Werkstückumdrehung hat in diesem Modell keinen Einfluss, da der Vorschub lediglich die statischen Zerspankräfte erhöht und keine dynamischen Schwingungen erzeugt [WECK06a].

2.3.2 Messtechnische Ermittlung der Stabilitätsgrenze

Metrological identification of the stability limit

Bei der Auslegung von Bearbeitungsprozessen ist es hinsichtlich einer wirtschaftlichen Bearbeitung zielführend, die Leistung eines Maschinensystems unter Einhaltung der Werkstücktoleranzen in vollem Umfang auszunutzen. Dies erfordert die Parametrierung der Bearbeitungsprozesse mit hohen Drehzahlen, Schnitttiefen und Vorschüben. Da regenerative Ratterschwingungen jedoch vielfach die Nutzung der gesamten Leistung eines Maschinensystems begrenzen, ist es sinnvoll, regenerative Schwingungen zunächst messtechnisch zu erfassen. Zielsetzung dieser Untersuchungen ist die Ermittlung einer so genannten Stabilitätsgrenze, die instabile und stabile Prozessparameter voneinander trennt. Eine möglichst wirtschaftliche Bearbeitung kann anschließend erreicht werden, wenn unter Kenntnis der Stabilitätsgrenze entsprechend wirtschaftliche Prozessparameter abgeleitet werden. Zudem dienen diese Untersuchungen als Grundlage für die Verifikation bei Berechnungen des Regenerativeffekts.

Im Rahmen dieser messtechnischen Untersuchungen lassen sich systematisch Bearbeitungsversuche unter realen Prozessbedingungen durchführen, die jeweils mit entsprechender Messtechnik ausgewertet werden [WECK06a]. Von Interesse bei den Bearbeitungsversuchen ist jeweils die bei einer festgelegten Hauptspindeldrehzahl maximal erreichbare Grenzschnitttiefe a_{cr} bzw. auch Grenzspanungsbreite b_{cr} genannt. Dazu wird bei einer festgelegten Hauptspindeldrehzahl die Schnitttiefe ausgehend von einem niedrigen Wert schrittweise gesteigert, bis ein instabiler Bearbeitungsprozess detektiert wird. Dieses Vorgehen wird für weitere Drehzahlen wiederholt, bis der durch fertigungstechnische Randbedingungen, wie beispielsweise

Schnittgeschwindigkeit und Größe der Schneidplatte, eingeschränkte Drehzahlbereich abgedeckt ist. Die ermittelten Grenzschnitttiefen stellen die Stabilitätsgrenze dar. Zur Darstellung der Stabilitätsgrenze haben sich so genannte Stabilitätskarten etabliert, in denen die Grenzschnitttiefe über der Drehzahl aufgetragen wird [FAAS03], [QUIN11], [WECK06a], Bild 2.15. Eine Stabilitätsgrenze legt unter den Gesichtspunkten der Maschinendynamik somit die Leistungsgrenze einer Werkzeugmaschine für den untersuchten Bearbeitungsprozess fest. Im Hinblick auf eine wirtschaftliche Bearbeitung mit hohen Materialabtragsraten sollte der Stabilitätsverlauf in einer Stabilitätskarte möglichst hoch sein.

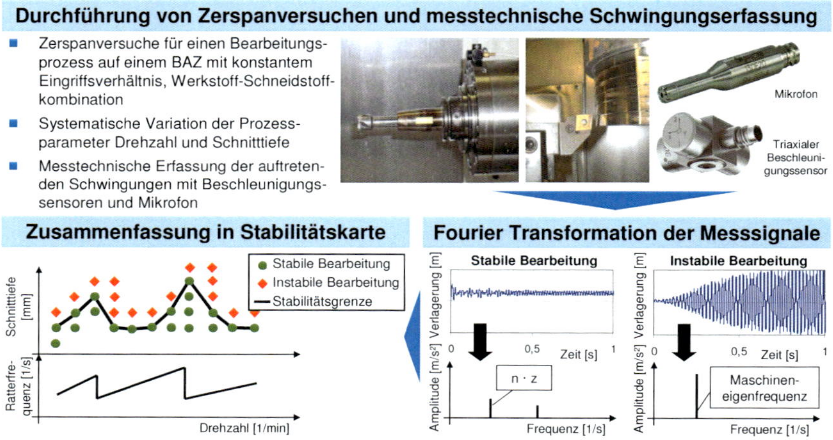

Bild 2.15: Messtechnische Ermittlung von Stabilitätskarten

Metrological identification of stability charts

Instabile Bearbeitungsprozesse äußern sich als prozessinduzierte, mechanische Schwingungen relativ zwischen Werkstück und Werkzeug mit vor allem sich regenerativ verstärkenden Amplituden. Die Frequenz dieser Schwingungen basiert auf der für diese Strukturschwingung verantwortlichen Eigenfrequenz. Es existieren unterschiedliche Messverfahren zur Erkennung instabiler Bearbeitungsprozesse und Analyse der Schwingungsfrequenz. Beispiele für solche Verfahren sind die Auswertung von Stromsignalen der Vorschubmotoren, die Auswertung der Welligkeit der erzeugten Oberflächen oder die Aufnahme und Auswertung von Geräuschen mit Hilfe eines Mikrofons. Üblicherweise werden zwei triaxiale Beschleunigungsaufnehmer verwendet, mit denen sowohl werkstück- als auch werkzeugseitig die Schwingungen separat erfasst werden [WECK06a], [WITT07].

2.3.3 Simulative Ermittlung der Stabilitätsgrenze

Simulation based identification of the stability limit

Eine Parametrierung von Bearbeitungsprozessen auf Basis messtechnisch ermittelter Stabilitätskarten ist grundsätzlich möglich, aber im industriellen Umfeld nur selten umsetzbar. Gegen die experimentelle Stabilitätskartenermittlung sprechen insbesondere der hohe Versuchsaufwand sowie die Einschränkung der Ergebnisse des untersuchten Bearbeitungsprozesses auf eine nur sehr gering übertragbare Kombination aus Werkstoff, Schneidstoff, Maschine und Bearbeitungsprozess. Abhilfe stellt die Berechnung von Stabilitätskarten auf Basis eines Simulationsmodells dar [AKCA10], [WECK06a]. Für die Parametrierung solcher Simulationsmodelle müssen zu Beginn der Modellerstellung zwar ebenfalls verschiedene grundlegende, experimentelle Versuche, beispielsweise die Ermittlung der Zerspankraftkoeffizienten, durchgeführt werden. Die Ergebnisse dieser Versuche sind aber anschließend direkt übertragbar bzw. verwendbar in weiteren Simulationsmodellen und -läufen.

Bei diesen Berechnungen wird das Zusammenwirken des dynamischen Maschinenverhaltens mit den dynamischen Zerspankräften hinsichtlich der erreichbaren Stabilitätsgrenze bestimmt [ALTI95], [BUDA98]. Als Grundmodell für die Berechnung der Prozessstabilität findet in der Regel der Wechselwirkungskreis zwischen Maschine und Prozess Verwendung. Die simulative Ermittlung der Stabilitätsgrenze stand bereits im Fokus von vielen Arbeiten [TOBI56], [POLA70], [QUIN11], [ALTI05]. Die verschiedenen Ansätze und Ausprägungen der Simulationsmodelle können wie in Bild 2.16 dargestellt in den drei Hauptmerkmalen Simulationsrahmenwerk, Maschinenmodell und Prozessmodell unterschieden werden.

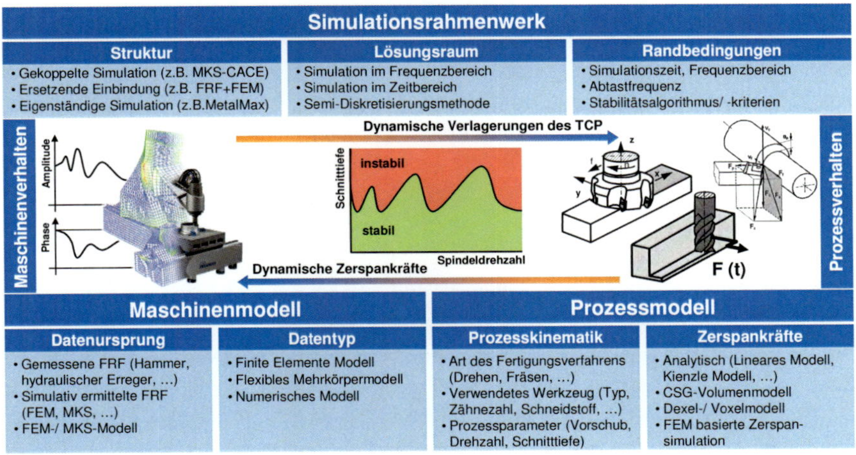

Bild 2.16: Modellansätze zur Simulation der Prozess-Maschine-Interaktionen
Approaches for the simulation of process-machine-interactions

Simulationsrahmenwerk

Im Simulationsrahmenwerk können im Unterpunkt Struktur die unterschiedlichen Ansätze zur Berücksichtigung des Maschinen- und Prozessmodells im Wechselwirkungskreis zusammengefasst werden. Bei der gekoppelten Simulation werden je eine spezielle Software für das Maschinenmodell und das Prozessmodell zur Lösung des Wechselwirkungskreises über eine Datenschnittstelle verbunden. Demgegenüber wird bei der integrierten Simulation keine Datenschnittstelle benötigt, da entweder das Maschinenmodell in die Software des Prozessmodells oder das Prozessmodell in die Software des Maschinenmodells integriert wird. In einer eigenständigen Simulationsumgebung werden rein numerische Modelle zur Berücksichtigung von Prozess- und Maschinenmodell verwendet. Beispiele dafür sind CutPro™ von MAL, Inc. [MALI11] und MetalMax™ von Manufacturing Laboratories, Inc. [MLIM08]. Die Verwendung der drei Strukturansätze richtet sich nach der jeweiligen Zielsetzung der Simulation, da vielfach nicht nur die Verbesserung der Prozessparameter, sondern auch die Untersuchung des dynamischen Maschinenverhaltens und das Wechselwirkungsmodell im Fokus der Arbeiten stehen.

Der Lösungsraum der Stabilitätssimulation beschreibt die Grundlage zur mathematischen Berechnung des Wechselwirkungskreises. Eine frequenzbasierte Berechnung erlaubt die analytische oder auch teilanalytische Bestimmung der Lösung. Die am häufigsten verwendete Methode zur Lösung basiert auf dem Nyquist-Kriterium, bei dem die zeitlich variablen Richtungsfaktoren von Kraft und Verlagerung gemittelt werden und somit die Berechnung als eindimensionales Problem analytisch gelöst werden kann. Da diese Vereinfachung in vielen Fällen jedoch nicht zulässig ist, wurde diese Methode auf mehrdimensionale Probleme erweitert, in denen auch totzeitabhängige Differentialgleichungen (Delay Differential Equation – DDE) analytisch gelöst werden können. Die mathematischen Zusammenhänge der unterschiedlichen frequenzbasierten Modelle zur Stabilitätssimulation sind in [ALTI00] und [ALTI04] enthalten. Der Vorteil der frequenzbasierten Stabilitätssimulation ist die hohe Rechengeschwindigkeit, die aber bei heutigen Computern eine weniger relevante Rolle spielt. Im Hinblick auf die Nachteile, die geringe Abbildungsgenauigkeit und die starken Vereinfachungen bei der Berücksichtigung des Prozessverhaltens, wird auf die frequenzbasierte Stabilitätssimulation hier nicht weiter eingegangen.

Eine zeitbasierte Stabilitätssimulation berechnet das Stabilitätsverhalten für einen bestimmten Zeitraum in diskreten Zeitschritten. Die Schrittweite Δt muss bei der Berechnung so klein gewählt werden, dass die relevanten Schwingungen erfasst werden können. Als Größe für die Schrittweite hat sich als Verhältnis zwischen Abtastfrequenz $1/\Delta t$ und höchster dominanter Eigenfrequenz $\omega_{0,max}$ ein Faktor 10 als geeignet erwiesen. Die Richtungsfaktoren, Spanungsdicken und Verlagerungen werden für jeden Zeitschritt separat ermittelt und entsprechend mit den Größen vorheriger Zeitschritte verrechnet [ESSE10], [WECK06a]. Mit einer genauen Abbildung des Maschinen- und Prozessverhaltens in einer zeitbasierten Stabilitätssimulation ist eine hochwertige Berechnung von Zerspankraft- und Stabilitätsverläufen möglich [TOTI09].

Neben der frequenz- und zeitbasierten Stabilitätssimulation kann auch die von Gradisek, Stépán und Insperger entwickelte Semi-Diskretisierungsmethode verwendet werden. Bei dieser teilanalytischen Methode werden nur die geometrischen Koordinaten diskretisiert, während die Zeit analytisch behandelt wird. Mit dieser Methode kann sowohl der Zerspanungsprozess genau abgebildet als auch die Rechenleistung bei stark zeitvarianten Richtungsfaktoren verbessert werden [STEP00], [INSP00], [INSP01], [INSP02], [INSP03a], [INSP04], [GRAD05], [INSP05], [INSP06], [DOMB10].

Je nach Lösungsraum der Stabilitätssimulation und den Randbedingungen aus Prozess- und Maschinenverhalten müssen entsprechende Vorgaben wie Abtastfrequenz, Simulationszeit und Frequenzbereich gewählt werden, um das Stabilitätsverhalten richtig zu berechnen. Die Simulationszeit muss beispielsweise so gewählt werden, dass sich der Prozess eindeutig stabil oder instabil entwickeln kann. In der Praxis hat sich eine Simulationszeit, die ca. 10 bis 20 Werkzeug- bzw. Werkstückumdrehungen entspricht, als geeignet erwiesen. Bei der Auswertung der Stabilität muss mit einem Algorithmus die Grenze zwischen einem stabilen und einem instabilen Prozess möglichst genau erfasst werden. Während bei einer frequenzbasierten Stabilitätssimulation zum Beispiel das Nyquist-Kriterium verwendet werden kann, stehen auch bei einer zeitbasierten Simulation eine Reihe von Verfahren zur Stabilitätserkennung zur Verfügung. Beispiele dafür sind in verschiedener Literatur zu finden [ESSE10], [KALV05], [SURM06].

Maschinenmodell

Zur Abbildung des dynamischen Maschinenverhaltens können als Datenursprung sowohl Messdaten als auch Simulationsmodelle verwendet werden. Messdaten sind für die Berechnung eine hinreichend sichere Eingangsgröße, da mit Hilfe der Messung alle Einflüsse des realen Maschinensystems erfasst werden können. Insbesondere konnte in den Arbeiten der letzten Jahre die Ermittlung des dynamischen Verhaltens von Hauptspindelsystemen verbessert werden. Fokus dieser Arbeiten war, das sich unter Drehzahl verändernde Nachgiebigkeitsverhalten von Hauptspindelsystemen nicht im Stillstand, sondern unter Drehzahl zu erfassen [ESSE10]. Nachteilig bei der Verwendung von Messdaten ist jedoch der hohe Messaufwand, da beispielsweise für jedes Werkzeug einer komplexen Bearbeitungsaufgabe eine separate Messung erforderlich ist. Demgegenüber können Simulationsmodelle für die Abbildung des Maschinenverhaltens mit einem geringen Zeitaufwand für unterschiedliche Werkzeuge, Spindeln oder auch ganze Maschinensysteme angepasst bzw. genutzt werden. Jedoch stellen nicht abgeglichene Simulationsmodelle keine vollständig sichere Datengrundlage für die Berechnung von Stabilitätsgrenzen dar [RASP10]. Insbesondere sind die Dämpfungs- und Reibungseffekte in Maschinenelementen noch nicht vollständig untersucht und in den Softwaresystemen hinterlegt [BREC10a], [WITT07]. Die in Bild 2.17 dargestellte Simulationskette zeigt beispielhaft die effiziente Berechnung der Stabilitätsgrenze für eine Hochgeschwindigkeitsbearbeitung auf Basis einer Messung und eines abgeglichenen Simulationsmodells.

Die Verwendung des ermittelten dynamischen Maschinenverhaltens in einer Stabilitätssimulation kann auf unterschiedliche Weise geschehen. Beispielsweise können im Wechselwirkungskreis FE-Modelle im Rahmen einer gekoppelten oder integrierten Simulation als dynamisches Maschinenmodell in die Berechnung eingebunden werden.

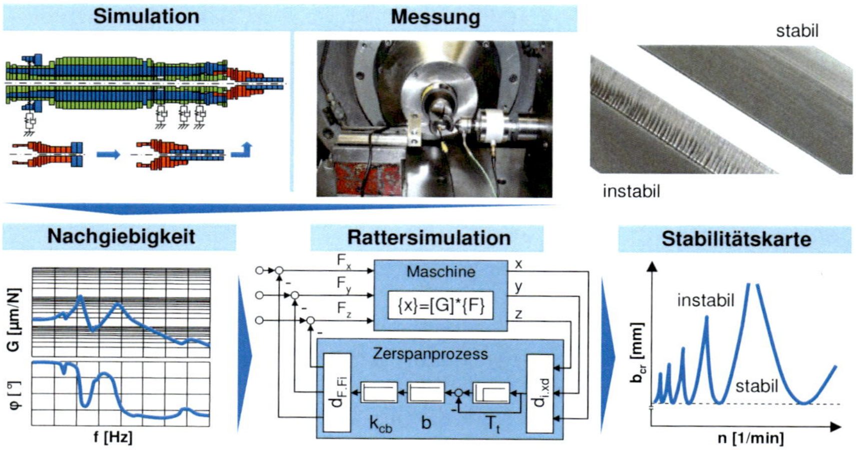

Bild 2.17: Stabilitätssimulation für die Hochgeschwindigkeitsbearbeitung [ESSE10]
Stability simulation for high-speed cutting processes [ESSE10]

Zwar kann das dynamische Maschinenverhalten mit Hilfe von abgeglichenen FE-Modellen genau wiedergegeben werden, jedoch ist die Rechenzeit auch auf modernen Systemen und unter Verwendung von Reduktionsalgorithmen noch hoch [WITT07], [WECK06b]. Zudem kann das Maschinenverhalten auch über rein numerische Ansätze abgebildet und im Wechselwirkungskreis hinterlegt werden [ESSE10].

Prozessmodell

Weiterhin muss für die Berechnung des Stabilitätsverhaltens der eigentliche Bearbeitungsprozess hinsichtlich Prozesskinematik und Zerspankraftentstehung im Wechselwirkungskreis hinterlegt werden. Die Prozesskinematik beschreibt das untersuchte Fertigungsverfahren, wie beispielsweise Längsdrehen, Nutenfräsen und Pendelhubschleifen, mit den abzubildenden Werkzeug- und Eingriffsverhältnissen. Die modelltechnische Einbindung der Prozesskinematik in die Stabilitätssimulation hängt einerseits von den Vorgaben des Simulationsrahmenwerks und andererseits von der Komplexität des betrachteten Fertigungsverfahrens ab. Je nach Ausrichtung und Zielsetzung der Stabilitätssimulation muss daher ermittelt werden, ob der Bearbeitungsprozess zum Beispiel als FEM-basierte Abtragssimulation oder mit Hilfe analytischer Gleichungen beschrieben werden kann.

Die Verrechnung der Verlagerungen des Maschinensystems im Zusammenhang mit der vorliegenden Prozesskinematik ergibt den gesuchten Spanungsquerschnitt, mit dem die Zerspankraft bestimmt werden kann. Eine Berechnung der Zerspankräfte kann anschließend mit einem der in Kapitel 2.2 vorgestellten und in der Stabilitätssimulation entsprechend hinterlegten Kraftmodelle geschehen. Die berechneten

Zerspankräfte stellen wiederum die Eingangsgröße des dynamischen Maschinenverhaltens dar und schließen den vorgestellten Wechselwirkungskreis.

2.3.4 Stabilitätssimulation in der Maschinenentwicklung

Stability simulation in the development of machine tools

Neben der Ableitung von wirtschaftlichen Prozessparametern bietet die Stabilitätssimulation auch die Möglichkeit, Schwachstellen des dynamischen Maschinenverhaltens bereits im Entwicklungsprozess einer Werkzeugmaschine aufzudecken. Aufgabe einer darauf ausgerichteten Stabilitätssimulation ist es, die bei einer instabilen Prozessführung kritischen Resonanzstellen des Maschinensystems zu identifizieren und durch eine konstruktive Überarbeitung der Maschinenstruktur das dynamische Nachgiebigkeitsverhalten prozessgerecht zu gestalten. Zwar kann die Stabilitätssimulation auf Basis der an einem real existierenden Prototyp gemessenen Nachgiebigkeitsfrequenzgänge erfolgen, dies erfordert jedoch einen hohen kosten- und zeitintensiven Aufwand für den Bau und die Inbetriebnahme des Prototyps. Daher wurden in der jüngsten Vergangenheit in verschiedenen Arbeiten die Wechselwirkungen des dynamischen Maschinenverhaltens hinsichtlich der Prozessstabilität an virtuellen Prototypen erforscht [ALTI05], [KIRC11], [WITT07], [ZABE10]. Hinsichtlich der Stabilitätssimulation können insbesondere FE- und MKS-basierte Vorgehensweisen unterschieden werden.

Stabilitätssimulation auf Basis von MKS-Maschinenmodellen

Für den MKS-gestützten Entwicklungsprozess wurden insbesondere MKS-Modelle mit zusätzlich gekoppelten Lageregelkreis- und Prozesskraftmodellen untersucht [FLEI08], [HEIS10], [WECK06b], [WITT07], vgl. Bild 2.18.

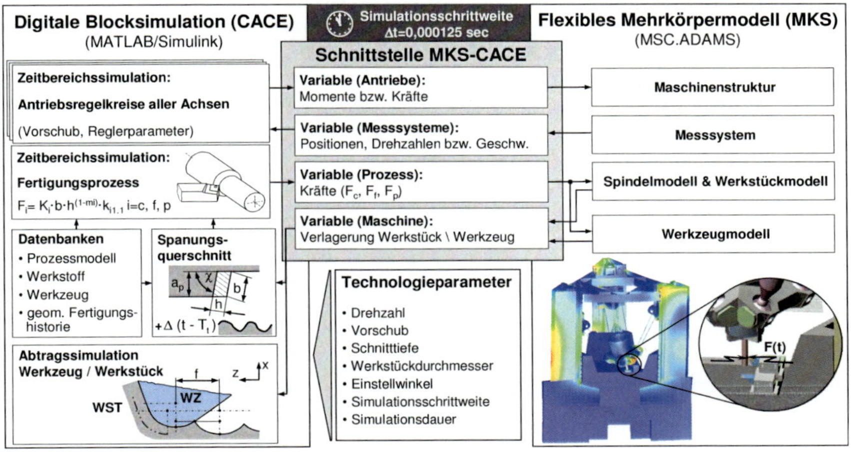

Bild 2.18: Kopplung eines MKS-Modells und einer Fertigungssimulation [WITT07]

Coupling of the multi-body model and the process model [WITT07]

Der Vorteil einer solchen Lösung für die Simulation von Stabilitätskarten ist die große Flexibilität und Erweiterbarkeit der einzelnen verwendeten Modellansätze [BRIT08]. Eine effiziente Nutzung dieser Vorgehensweise bei der Maschinenentwicklung ist dagegen aber nicht gegeben. Gegen diese MKS-gestützte Stabilitätssimulation sprechen insbesondere:

- der hohe Modellierungsaufwand bei der Erstellung und Verbesserung von flexiblen MKS-Modellen,
- die hohen Rechenzeiten, die bei der Stabilitätssimulation trotz modal reduzierter MKS-Modelle durch die benötigte Abtastrate und Simulationszeit entstehen, und
- die zusätzlichen Lizenzkosten für die MKS- und CACE-Software neben den Lizenzkosten für die FE-Software.

Stabilitätssimulation auf Basis von FE-Maschinenmodellen

Demgegenüber wurde auch für den rein FEM-gestützten Entwicklungsprozess von Werkzeugmaschinen die Prozessstabilität untersucht [BREC10a], [BREC10b]. Da mit der FE-Software bei einer entsprechend genauen Modellierung des Maschinensystems das dynamische Maschinenverhalten mit einer hohen Güte abgebildet werden kann, lässt sich dieses direkt als Grundlage für die Stabilitätssimulation nutzen. Dazu werden für Referenzprozesse der Fräsbearbeitung die Prozesskraftmodelle und die Stabilitätsauswertung aufgearbeitet und mit Hilfe einer Software-Kopplung mit der FE-Software verbunden. Der Aufbau dieser Kopplung von FE-Software und Regelkreissoftware ist mit der Kopplung von MKS-Software und Regelkreissoftware vergleichbar.

Vorteilhaft an der FE-gekoppelten Vorgehensweise ist, dass für die Stabilitätssimulation kein zusätzliches weiteres Maschinenmodell abgeleitet werden muss. Die Nachteile dieser Vorgehensweise sind:

- die sehr hohen Rechenzeiten, die für eine aussagefähige Stabilitätskarte durch die transiente Berechnung eines FE-Modells mit der zusätzlichen Kopplung zu einer CACE-Software trotz moderner Rechner und einer entsprechenden Modellreduktion entstehen,
- der hohe Aufwand zur Kopplung des Prozesskraftmodells und zur Auswertung der Prozessstabilität in der FE-Software und
- die zusätzlichen Lizenzkosten für die CACE-Software.

Auch wenn die Möglichkeit zur Bewertung von Konstruktionsvarianten mit Hilfe der beiden dargestellten Vorgehensweisen besteht, so besitzen diese auf Grund der genannten Nachteile bis heute keine Relevanz bei der Entwicklung von Werkzeugmaschinen. Forschungsansätze zu einer rein FE-basierten Vorgehensweise, die jedoch auf Grund unzureichender Eingangsdaten seitens des Maschinen- und Prozessmodells nicht immer verlässliche Ergebnisse generieren, zeigen, dass die Simulation der Prozessstabilität ein wichtiges Hilfsmittel sein kann, aber eine verifizierte Modellierung und geprüfte Eingangsdaten benötigen [UHLM08]. Eine effiziente Berücksichtigung der Prozessstabilität als verlässliches Bewertungskriterium im Entwicklungsprozess von Werkzeugmaschinen ist somit zurzeit noch nicht möglich.

2.3.5 Genauigkeit der Stabilitätsbestimmung

Bei der Verifikation von simulierten Stabilitätskarten sind vielfach Abweichungen zwischen simuliertem und gemessenem Stabilitäts- und Ratterfrequenzverlauf beobachtbar. Diese Abweichungen sind trotz sorgfältiger Vorgehensweise durch Ungenauigkeiten sowohl in der Simulation als auch in der messtechnischen Ermittlung begründet [ALTI04], [BREC09], [TOTI09]. Auf der Seite der Simulation können einerseits die Idealisierung in der Modellbildung und die Parametrierung des Modells, mit zum Beispiel empirisch ermittelten Zerspankraftkoeffizienten, als potentielle Fehlerquelle genannt werden. Andererseits ist die Abbildung des Maschinenverhaltens beispielsweise mit Hilfe einer analytischen Beschreibung oder eines FE-Modells lediglich ein Ersatzmodell für das reale komplexe Maschinenverhalten unter dynamischen Zerspankräften [BREC07a], [WECK06a], [WISS05]. Demgegenüber können auch bei der messtechnischen Ermittlung der Stabilitätskarte Unsicherheiten, zum Beispiel durch ein veränderliches Temperatur- und Verschleißverhalten der Werkzeuge über die Versuchsdauer, auftreten [BREC11c], [BUDA04], [ESSE10], [RASP10] [UHLM09]. Für die Verifikation von Stabilitätskarten bedeutet dies, dass sowohl der simulierte als auch der gemessene Stabilitäts- und Ratterfrequenzverlauf mit einer Unsicherheit behaftet sind. Daher muss bei der Verifikation mit Abweichungen zwischen der simulierten und der gemessenen Stabilitätskarte gerechnet werden.

Wesentlich für die Nutzung der Prozessstabilität als Bewertungskriterium im Entwicklungsprozess von Werkzeugmaschinen ist die Identifikation kritischer Resonanzüberhöhungen sowie deren Eigenfrequenzen und Eigenformen, die das Stabilitätsverhalten negativ beeinflussen. Im Hinblick auf den FE-gestützten Entwicklungsprozess stellen die Modellierung der Strukturkomponenten und die Parametrierung aller Koppelstellen mit Steifigkeits- und Dämpfungsparametern eine anspruchsvolle Aufgabe dar, die auch heutzutage trotz vieler Forschungsanstrengungen noch immer mit einer Unsicherheit behaftet ist [BREC09], [WITT07]. Während die Modellierung der Strukturkomponenten des Maschinensystems und die Parametrierung der Koppelstellen mit Steifigkeitskennwerten heutzutage mit weniger Unsicherheit behaftet sind, muss bei der Parametrierung der Koppelstellen mit Dämpfungswerten auf unsichere Vergleichswerte aus Versuchen und vorherigen Arbeiten zurückgegriffen werden [HOFF08], [QUEI05]. Dies führt im Rahmen einer Berechnung des dynamischen Maschinenverhaltens dazu, dass mit einer hinreichenden Verlässlichkeit die Eigenfrequenzen des Maschinensystems und somit die Ratterfrequenzen ermittelt werden können, aber eine Sicherheit über die Höhen der Resonanzamplituden im Nachgiebigkeitsfrequenzgang und damit die Höhe des Stabilitätsverlaufs nicht vollständig gegeben ist [TOTI09]. Für die Simulation von Stabilitätskarten auf Basis von FE-Modellen bedeutet dies insgesamt, dass die Genauigkeit der berechneten Stabilitätskarte stets mit einer Unsicherheit behaftet ist, die auf einer Unsicherheit bei der FE-Modellierung beruht.

Auch beim Vergleich simulierter Stabilitätskarten können Abweichungen zwischen unterschiedlichen Simulationsansätzen trotz identischer Eingangsparameter auftreten [TOTI09]. Diese begründen sich zunächst in Unterschieden bei der Verarbeitung der Eingangsparameter, beispielsweise bei der Verwendung unterschiedlicher softwareintegrierter Interpolationsverfahren für die Zerspankraftkoeffizienten. Des Weiteren können Abweichungen durch Unterschiede bei den hinterlegten numerischen Lösungsverfahren hervorgerufen werden, die bei einem zeitlich stark nichtlinearen Verhalten, wie es beim regenerativen Rattern mit dem Austritt der Schneide aus dem Werkstückmaterial gegeben ist, mit unterschiedlichen Kräften und Verlagerungen reagieren [ALTI04], [BREC07a], [BREC11b], [ESSE10]. Ebenfalls können Abweichungen durch numerische Ungenauigkeiten und Rundungsfehler entstehen, die bei der Berechnung von Schwingungsverhalten mit sehr kleinen Amplituden einen wesentlichen Einfluss auf die Rechengenauigkeit besitzen [WISS05]. Neben den genannten Einflussfaktoren existiert eine Vielzahl weiterer softwarespezifischer Einflussgrößen, die die Lage und den Verlauf der Stabilitätsgrenze sowie der dazugehörigen Ratterfrequenzen beeinflussen können. Für den Vergleich simulierter Stabilitätskarten bedeutet dies, dass durch die numerische Verarbeitung der Simulationsdaten in einem Simulationsansatz mit einer Unsicherheit im Stabilitäts- und Ratterfrequenzverlauf gerechnet werden muss. In Bild 2.19 sind im linken Teil die Gründe für die Abweichungen bei der Stabilitätsbetrachtung für die Messung und Simulation zusammengefasst.

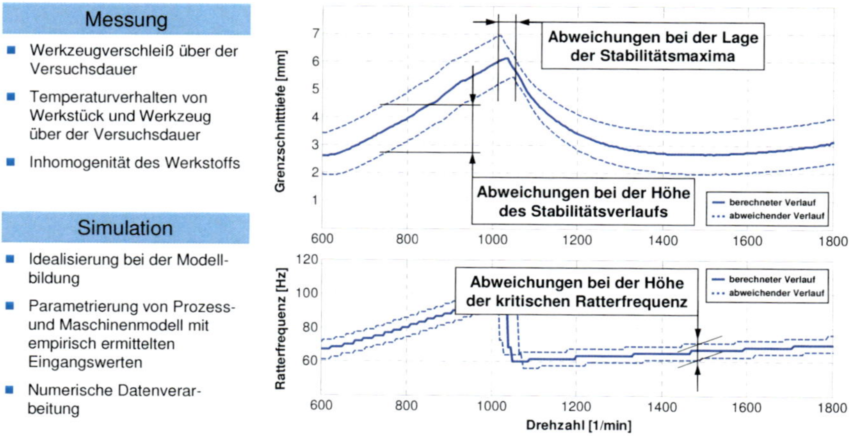

Bild 2.19: Gründe und Auswirkungen für Abweichungen bei der Verifikation und beim Vergleich von Stabilitätskarten

Causes and effects of differences in the verification and comparison of stability charts

Im Rechten Teil von Bild 2.19 sind die Auswirkungen dieser potentiellen Fehlerquellen auf den Stabilitäts- und Ratterfrequenzverlauf dargestellt. Neben Abweichungen in der Bewertung der Höhe des gesamten Stabilitätsverlaufs treten vielfach Abweichungen bei der Lage und der Höhe der Stabilitätsmaxima auf, da diese Maxima mess- und simulationstechnisch nur sehr aufwändig identifizierbar sind. Im Rahmen dieser Arbeit wird daher bei der Verifikation und beim Vergleich von Stabilitätskarten vorwiegend auf Abweichungen der Stabilitätsmaxima eingegangen. Auch im Hinblick auf den Verlauf der Ratterfrequenzen können Abweichungen auftreten. Für die Identifikation der kritischen Maschineneigenfrequenzen sind insbesondere Abweichungen bei den Ratterfrequenzen im Bereich der Stabilitätsminima möglichst gering zu halten.

Insgesamt kann für die drei Felder, die messtechnische Verifikation von Stabilitätskarten, die Simulation von Stabilitätskarten auf Basis von FE-Modellen und der Vergleich von unterschiedlichen Simulationsansätzen, festgehalten werden, dass stets mit Abweichungen und Unsicherheiten in den Stabilitätsverläufen zu rechnen ist. Um trotzdem eine Aussagefähigkeit der Ergebnisse zu gewährleisten, sollten bei einem Vergleich bzw. bei einer Verifikation von Kurvenverläufen die Abweichungen über fast den gesamten betrachteten Drehzahlbereich für den Stabilitäts- bzw. Ratterfrequenzverlauf möglichst gering sein.

2.4 Maßnahmen zur Steigerung der Prozessstabilität

Methods to improve the process stability

Die Problematik, dass regenerative Ratterschwingungen Prozessinstabilitäten erzeugen, die die vollständige Nutzung des Leistungsbereichs einer Werkzeugmaschine begrenzen, ist eine seit Jahrzehnten bekannte Thematik. Auf Grund der gegebenen Komplexität und Interaktionen zwischen Maschinensystem, Fertigungsprozess und auch der Steuerung ist in den letzten Jahren eine Vielzahl von Arbeiten entstanden, die sich mit der Verbesserung des Stabilitätsverhaltens für Fertigungsverfahren mit geometrisch bestimmter Schneide beschäftigten. Im Folgenden werden die für diese Arbeit relevanten Maßnahmen zur Verbesserung der Prozessstabilität gegliedert und kurz vorgestellt.

2.4.1 Maschinenseitige Maßnahmen

Machine-side measures

Das Stabilitätsverhalten wird wesentlich durch das dynamische Maschinenverhalten beeinflusst, das anhand der Grundgleichung der Strukturdynamik (Gleichung 2.1) in die drei folgenden Bestandteile aufgeteilt werden kann:

- Masse bzw. räumliche Massenverteilung,
- Steifigkeit bzw. deren räumliche Verteilung und
- Dämpfung, die vornehmlich durch die Koppelstellen bestimmt wird.

Die dynamisch schwingfähigen Massen einer Werkzeugmaschine bestimmen sowohl die Eigenfrequenzen als auch deren Resonanzüberhöhung maßgeblich. Daher müssen bei der konstruktiven Auslegung von Maschinenstrukturen nicht nur die Anforderungen hinsichtlich erreichbarer statischer Steifigkeit und geometrischer Genauigkeit berücksichtigt werden, sondern auch die lokale Massenverteilung hinsichtlich des dynamischen Verhaltens. Je näher Strukturbauteile im Kraftfluss an der Zerspanstelle liegen, desto wichtiger ist es, die Steifigkeit unter Berücksichtigung des Leichtbaus zu realisieren. In der Praxis können dazu für diese Strukturbauteile neben dem Materialleichtbau, wie beispielsweise der Verwendung von Faserverbundwerkstoffen als Konstruktionswerkstoff, auch die Methoden des Strukturleichtbaus, wie beispielsweise die Topologieoptimierung, verwendet werden [WECK06b].

Ähnlich wie die Massenverteilung ist auch die Steifigkeit entscheidend für die Eigenfrequenzen und deren Resonanzüberhöhung. Bei der konstruktiven Gestaltung von Strukturbauteilen hinsichtlich des Steifigkeitsverhaltens existiert eine Vielzahl von Möglichkeiten und Verfahren zur steifigkeitsgerechten Konstruktion, wie zum Beispiel für die Gestaltung der Wandstärken, Verrippung und Schraubenverbindung sowie die Wahl der verwendeten Werkstoffe. Auch kann mit rechnergestützten Optimierungsverfahren das Steifigkeitsverhalten von Strukturbauteilen verbessert werden. Die Gesamtsteifigkeit einer Werkzeugmaschine ist jedoch nicht nur von der Steifigkeit der einzelnen Strukturbauteile, sondern auch wesentlich von der Steifigkeit in den Koppelstellen bzw. der verwendeten Maschinenelemente abhängig. Für die Auslegung und anschließende Auswahl der Maschinenelemente ist die genaue Kenntnis der Steifigkeitsanforderungen an die Werkzeugmaschine notwendig. Je nach Maschinenelement ist eine Unterstützung der Auswahl durch Software-Tools möglich [BREC10a], [WECK06b].

Auch die Dämpfung, die im Wesentlichen die Resonanzüberhöhung einer Eigenfrequenz bestimmt, tritt sowohl in den Strukturbauteilen als auch in den Maschinenelementen auf. Je nach zu dämpfender Eigenform muss unterschieden werden, an welcher Stelle und wie die Dämpfung beeinflusst werden kann, da sich beispielsweise bei Starrkörperschwingungen die Dämpfung der Strukturbauteile kaum bemerkbar macht und lediglich die Dämpfung in den Koppelstellen einen Einfluss hat. Zur Beeinflussung der Dämpfung von Strukturbauteilen besteht eine Reihe von Möglichkeiten wie die Verwendung von Konstruktionswerkstoffen mit hoher Materialdämpfung oder auch das Belassen von Kernsanden im Gestell [PAZM92]. Da jedoch der Dämpfungseinfluss der Füge- und Koppelstellen einen im Allgemeinen um ein bis zwei Zehnerpotenzen höheren Einfluss auf die Gesamtdämpfung der Werkzeugmaschine besitzt, können diese Stellen bei entsprechender Auslegung einen kostengünstigen und positiven Effekt auf das dynamische Gesamtverhalten liefern. Sollten jedoch keine Änderungen an der Grundkonstruktion einer Werkzeugmaschine mehr möglich sein, so bieten Hilfsmassendämpfer, Reibungsdämpfer und aktive Dämpfungssysteme eine nachträgliche Möglichkeit zur gezielten Beeinflussung einzelner Resonanzprobleme [WECK06a], [WECK06b], [RASH10].

2.4.2 Prozessseitige Maßnahmen

Process-side measures

Auch auf der Seite des Fertigungsprozesses besteht die Möglichkeit zur Verbesserung des Stabilitätsverhaltens. Bei einer bereits fertigungs- und werkstückgerechten Prozessgestaltung stellen jedoch die Beeinflussung von Aufspannung, Fertigungstechnologie, Kühlschmierstoffeinsatz, Schneidstoff, Werkstoff sowie Werkstückgeometrie selten eine nutzbare Möglichkeit für signifikante Verbesserungsmaßnahmen dar. Meist sind die technologischen Randbedingungen und Fertigungsvorgaben hinsichtlich der genannten Einflussgrößen zu eng, um die Prozessstabilität signifikant zu verbessern bzw. den Leistungsbereich einer Werkzeugmaschine bei einer Fertigungsaufgabe besser ausnutzen zu können.

Hingegen kann mit der geometrischen Gestaltung der Werkzeuge vielfach eine Verbesserung des Stabilitätsverhaltens erreicht werden. Im Hinblick auf das Stabilitätsverhalten stellt die winkelungleiche Anordnung der Schneiden eine wirksame Methode zur Beeinflussung des Stabilitätsverhaltens dar [ALTI99], [BUDA03], [DENK08], [QUIN11]. Das Wirkprinzip beruht auf den zwischen den einzelnen Eingriffen der Schneiden variierenden Totzeiten. Dadurch kann die bei regenerativen Ratterschwingungen auftretende periodische Spandickenmodulation effektiv gestört werden. Eine maximal stabilisierende Auslegung der Ungleichteilung kann, unter Berücksichtigung der bei der Bearbeitung vorliegenden dynamischen Verhältnisse, für beispielsweise regelmäßig ungleichgeteilte Werkzeuge mit Hilfe der in Bild 2.20 dargestellten Gleichung erfolgen [WECK06a]:

$$\frac{b}{a} = \frac{240 + \frac{n \cdot z}{f_n}}{240 - \frac{n \cdot z}{f_n}} \geq 1$$

mit:

mit:	b/a	Teilungsverhältnis,
	n	Drehzahl,
	f_n	Eigenfrequenz,
	z	Zähnezahl des Werkzeugs.

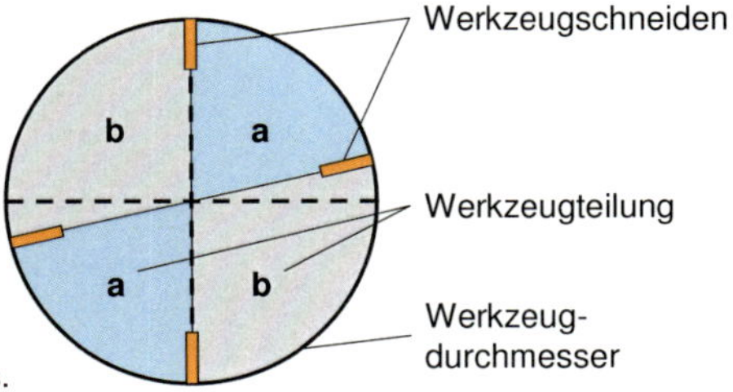

Bild 2.20: Auslegung der Werkzeuggeometrie für eine regelmäßige Ungleichteilung

Design of the tool geometry for an unequal regular division

Da aber das dynamische Verhalten bzw. die kritische Eigenfrequenz bei der Werkzeugauslegung meist nicht bekannt ist, wird die Ungleichteilung so gewählt werden, dass sich eine weniger effektive, aber in den meisten Fällen noch ausreichende Verbesserung der Prozessstabilität für ein breites Spektrum von Eigenfrequenzen einstellt [QUIN11].

Eine Veränderung der Prozessparameter Drehzahl und Schnitttiefe hat, wie bereits in Kapitel 2.3 aufgezeigt, einen signifikanten Einfluss auf die Prozessstabilität. Mit einer geeigneten Wahl der Prozessparameter ist vielfach eine gleichzeitige Stabilisierung und gesteigerte Nutzung der Maschinenleistungsfähigkeit realisierbar. Des Weiteren kann vergleichbar zur Ungleichteilung der Werkzeuge mit Hilfe einer Drehzahlvariation ein Einfluss auf die Totzeit und somit eine Beeinflussung der Prozessstabilität erreicht werden [INSP03c], [ZATA08]. Dabei wird zeitgleich zur Prozessführung die Drehzahl der Hauptspindel mit einer bestimmten Strategie, zum Beispiel sinus- oder sägezahnförmig, in Relation zur eingestellten Grunddrehzahl variiert. Diese Methode bietet im Gegensatz zur Ungleichteilung von Werkzeugen den Vorteil, dass die Beeinflussung der Totzeiten auf das vorliegende dynamische Verhalten von Maschine und Prozess explizit angepasst werden kann. Da mit der Drehzahlvariation jedoch zusätzliche Parameter bei der Erstellung von Stabilitätskarten berücksichtigt werden müssen, ist eine Auslegung der Drehzahlvariation mit Hilfe von Simulationsmodellen empfehlenswert [BREC11a], [ZATA08].

Bereits seit den 70er Jahren wird die Drehzahlvariation als Methode zur Steigerung der Prozessstabilität diskutiert [SEXT78], [TAKE74], [INAM74]. Eine Vielzahl der in dieser Zeit entstandenen Arbeiten beschäftigte sich mit der Untersuchung der Drehzahlvariation auf die Prozessstabilität bei der Dreh- und Fräsbearbeitung [CANN81], [CHAN82], [HANS00], [INSP03b], [ISMA95], [ISMA96], [JAYA00], [LIAN04], [LONG07], [NAMA02], [SAST02], [SEGU10], [YILM02], [ZATA08]. Die verwendeten vereinfachten Maschinenmodelle bilden das dynamische Verhalten realer Maschinensysteme jedoch nur idealisiert ab. Zusätzlich wird bei der Modellierung das dynamische Drehzahlverhalten der mit Prozesskräften belasteten Hauptspindel vernachlässigt und keine Methode vorgestellt, mit der die Parameter der Drehzahlvariation effizient ausgelegt werden können.

3 Aufgabenstellung, Zielsetzung und Vorgehensweise

Task definition and objective

Leistungsfähige Werkzeugmaschinen stellen die Grundlage für eine wirtschaftliche Werkstückfertigung dar. Insbesondere regenerative Ratterschwingungen, die durch dynamische Wechselwirkungen zwischen Maschine und Prozess hervorgerufen werden, verhindern aber vielfach die vollständige Nutzung der an einer Maschine zur Verfügung stehenden Zerspanleistung. Die Folge sind Produktivitätsverluste entweder durch unwirtschaftliche Prozessparameter bei einer prozessstabilen Fertigung oder Beschädigungen an Werkzeug, Werkstück und Maschine durch Ratterschwingungen bei einem instabilen Fertigungsprozess.

Die Entwicklung von Werkzeugmaschinen unterliegt heutzutage einem hohen Kosten- und Zeitdruck. Um diesem entgegenzutreten, unterstützen im Entwicklungsprozess virtuelle Prototypen die Optimierung von einzelnen Strukturbauteilen sowie von gesamten Maschinensystemen. Die Möglichkeit zur Berechnung und Bewertung des Stabilitätsverhaltens lediglich anhand von Nachgiebigkeitsfrequenzgängen gestaltet sich jedoch schwierig, da eine Bewertung des dynamischen Maschinenverhaltens in verschiedenen Raumrichtungen und ohne dynamisches Prozessverhalten sehr aufwändig ist. Ein entscheidender Vorteil bei der Entwicklung von Werkzeugmaschinen wäre es, den virtuellen Prototypen anhand des Stabilitätsverhaltens bei Referenzprozessen bewerten und verbessern zu können. Dadurch könnten sowohl unerwünschte dynamische Wechselwirkungen zwischen Maschine und Prozess direkt im Entwicklungsprozess erkannt und verbessert als auch unterschiedliche Konstruktionsvarianten gezielt hinsichtlich ihres Stabilitätsverhaltens gegenübergestellt werden. Problematisch ist heutzutage jedoch, dass die dynamischen Wechselwirkungen zwischen Maschine und Prozess nicht effizient und vollständig im Entwicklungsprozess berücksichtigt werden können. Heutzutage verfügbare Methoden zur softwaretechnischen Kopplung von MKS- und FE-Software mit CACE-Software stellen dazu, wie im Stand der Technik dargestellt, keine effiziente Vorgehensweise zur Stabilitätssimulation im Entwicklungsprozess dar.

Zielsetzung dieser Arbeit ist es daher, die Stabilitätssimulation als effizientes Bewertungskriterium im FE-gestützten Entwicklungsprozess von Werkzeugmaschinen nutzbar zu machen. Fraglich ist dabei insbesondere der Einfluss der softwaretechnischen Gestaltung der Stabilitätssimulation auf Aussagefähigkeit, Genauigkeit und Anwendbarkeit. Daher werden zwei unterschiedliche Simulationsansätze erarbeitet, verifiziert und anhand von Beispielen gegenübergestellt, die jeweils keine Kopplung mit einer CACE-Software benötigen. Beim ersten Simulationsansatz erfolgt die Stabilitätssimulation vollständig außerhalb der FE-Software in einer dafür spezialisierten „eigenständigen Stabilitätssoftware“. Demgegenüber erfolgt beim zweiten Simulationsansatz die Stabilitätssimulation vollständig innerhalb der FE-Software als „FE-integrierte Stabilitätssimulation“. Die Vorgehensweise und die Aufteilung der Arbeitsschritte auf die einzelnen Kapitel dieser Arbeit sind in Bild 3.1 dargestellt. Im Hinblick auf die erreichbare Berechnungsgenauigkeit steht bei beiden Simulationsansätzen nicht die exakte Ermittlung der Stabilitätsgrenze im Vordergrund, sondern die präzise und effiziente Identifikation von Schwachstellen des Konstruktionsentwurfs anhand des Stabilitätsverlaufs und der dazugehörigen Ratterfrequenzen.

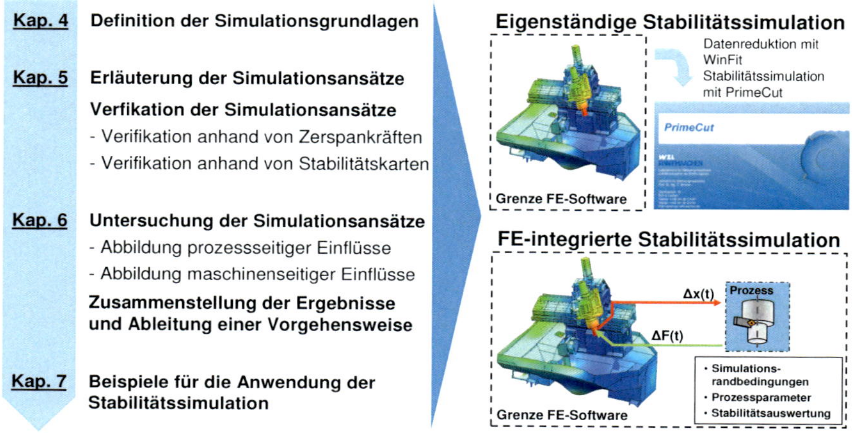

Bild 3.1: Inhaltlicher Aufbau und Arbeitsschritte
Content structure and procedures

In Kapitel 4 werden zunächst die Anforderungen und Grundlagen der im weiteren Verlauf verwendeten Stabilitätssimulation für die beiden Simulationsansätze festgehalten. Dies ermöglicht die spätere Vergleichbarkeit der beiden Simulationsansätze. Es werden Referenzprozesse, Prozesskinematiken und das für die Auswertung der Prozessstabilität notwendige Stabilitätskriterium festgelegt. Das in der Stabilitätssimulation verwendete Zerspankraftmodell wird ebenfalls vorgestellt und verifiziert.

Die beiden erarbeiteten Simulationsansätze werden darauf folgend in Kapitel 5 vorgestellt. Für beide Ansätze findet jeweils eine Verifikation anhand der Berechnung der Zerspankräfte von Einzelprozessen statt. Die anschließende Simulation von Stabilitätskarten erfolgt ebenfalls anhand realer Bearbeitungsprozesse.

In Kapitel 6 werden die beiden Simulationsansätze detailliert untersucht. Dazu werden die Parameter eines Ein- und eines Zweimassenschwingers systematisch variiert und als dynamisches Maschinenverhalten vorgegeben. Mit diesem vereinfachten Maschinenverhalten wird sichergestellt, dass keine potentiellen Fehlerquellen bei der Beschreibung des strukturmechanischen Verhaltens die Ergebnisse beeinflussen und somit eine Vergleichbarkeit der Simulationsansätze gegeben ist. Anschließend erfolgt die Berechnung und Untersuchung der Stabilitätssimulation für beispielhafte strukturmechanische FE-Modelle einer Dreh- und einer Fräsmaschine.

Die Ergebnisse aus Kapitel 6 werden anschließend zusammengefasst und bilden die Grundlage für die Berechnung der Prozessstabilität von vollständigen FE-Modellen von Dreh- und Fräsmaschinen in Kapitel 7. Dazu wird zunächst eine Vorgehensweise auf Basis der bis dahin erarbeiteten Ergebnisse abgeleitet. Eine Anwendung der Stabilitätssimulation als Bewertungsmethode für den Entwicklungsprozess erfolgt für das FE-Modell einer Hauptspindel einer Fräsmaschine sowie abschließend für die FE-Modelle je einer Fräs- und einer Drehmaschine.

4 Randbedingungen der Stabilitätssimulation

Boundary conditions of the stability simulation

Bevor die beiden unterschiedlichen Ansätze zur Simulation der Prozessstabilität vorgestellt und verglichen werden können, ist es notwendig, eine Vielzahl von Anforderungen an die Stabilitätssimulation festzuhalten. Mit den daraus abgeleiteten Randbedingungen können Abweichungen zwischen den Simulationsansätzen, die beispielsweise auf unterschiedlichen Modellierungen der Bearbeitungsprozesse basieren, ausgeschlossen werden. Zur Festlegung der Randbedingungen können die unterschiedlichen Gestaltungsfelder einer Stabilitätssimulation, wie sie in Bild 2.16 dargestellt sind, betrachtet werden. Im Folgenden werden die Randbedingungen erläutert und im weiteren Verlauf in den beiden vorgestellten Simulationsmodellen entsprechend berücksichtigt.

4.1 Grundaufbau der Stabilitätssimulation

Basic structure of the stability simulation

Um die Maschinenmodelle bzw. das dynamische Maschinenverhalten in eine Stabilitätssimulation einzubinden, ist es zielführend, als Grundmodell den Wechselwirkungskreis Maschine und Prozess zu verwenden. Dies bietet die Möglichkeit, das Prozesskraftmodell als festgelegtes Teilmodell in die beiden jeweiligen Simulationsansätze zu integrieren.

Die Zielsetzung bei der Verwendung einer Stabilitätssimulation im Entwicklungsprozess von Werkzeugmaschinen ist neben dem Vergleich von Konstruktionsvarianten die gezielte Identifikation von dynamischen Schwachstellen des Maschinenkonzeptes. Diese dynamischen Schwachstellen sind insbesondere die Ursache für strukturseitiges regeneratives Rattern und beeinflussen die Leistungsfähigkeit der Maschine negativ. Regeneratives Rattern, das durch ein unzureichendes dynamisches Werkzeug- oder Werkstückverhalten hervorgerufen wird, steht nicht im Blickpunkt dieser Arbeit. Strukturseitige Schwingungen werden vielfach bei spanenden Bearbeitungen mit hohen Schnitttiefen mit beispielsweise steifen Schaftfräsern und Messerköpfen hervorgerufen. Je nach Anzahl der verwendeten Schneiden für diese Werkzeuge ist bei der Berechnung der Prozesskräfte zu berücksichtigen, dass die auf das Maschinensystem wirkenden Kraftrichtungen zeitlich stark variieren. Bei der Verwendung von einem Messerkopf mit weniger als 12 Schneiden ist eine Mittlung der Kraftangriffsrichtung nicht zulässig. Zusätzlich müssen zeitvariante Einflüsse der Werkzeuggeometrie, wie Ungleichteilung und radialer Schneidenversatz, bei der Simulation berücksichtigt werden. Eine geschlossene Lösung des Wechselwirkungskreises im Frequenzbereich ist hinsichtlich der Prozessmodelle somit nicht möglich. Die Simulation der Prozessstabilität muss daher zeitbasiert erfolgen, damit die zeitvarianten Prozesskräfte und Maschinenverlagerungen präzise abgebildet werden können [WECK06a].

4.2 Zerspankraftmodell

Cutting force model

Unter Berücksichtigung der erforderlichen Abbildungsgenauigkeit der dynamischen Wechselwirkungseffekte sowie einer hohen Rechenzeiteffizienz eignen sich analytische Zerspankraftmodelle in besonderem Maße für eine Verwendung in der Stabilitätssimulation. Dabei kann eine zusätzliche Steigerung der Rechenzeiteffizienz durch die Verwendung linearer analytischer Zerspankraftmodelle erreicht werden. Je nach Berücksichtigung des Konstantanteils werden Zerspankräfte berechnet, die aber teils stark von den realen Zerspankräften abweichen, Bild 4.1 links. Dies ist insbesondere bei der Fräsbearbeitung von Bedeutung, da bei jedem Zahneingriff die Spandicke h über dem Fräsbogen von null auf seinen Maximalwert ansteigt und wieder abfällt.

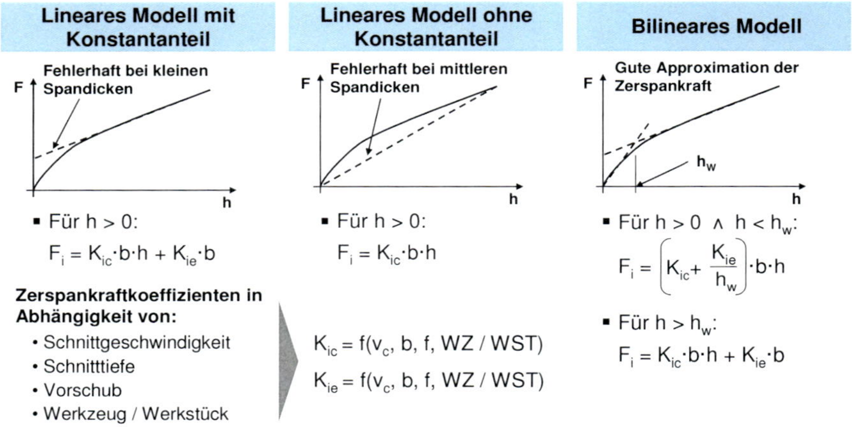

Bild 4.1: Gegenüberstellung linearer Zerspankraftmodelle

Comparison of linear cutting force models

Zur Lösung dieser Problematik wird ein bilineares Zerspankraftmodell verwendet, bei dem bei einer bestimmten Spandicke h_w das Modell von dem ersten auf den zweiten linearen Anteil wechselt, Bild 4.1 rechts. Der Wert von h_w kann mit Hilfe eines iterativen Optimierungsalgorithmus, der als Zielfunktion die Minimierung der Differenz zwischen gemessenem und simuliertem Zerspankraftverlauf besitzt, bestimmt werden. Bei einer beispielhaften Untersuchung hat sich ein Wert von 50 µm für h_w als für die Zerspanung von C45N mit den Schneidstoffen Sandvik CoroMill R390-MM 2040 und Sandvik CoroMill R300-MM 2030 als geeignet erwiesen. Mit Hilfe der Zerspankraftkoeffizienten K_{ic} und K_{ie}, die beide sowohl von der Prozessführung als auch von der Schneidstoff-Werkstoff-Kombination abhängig sind, lassen sich je nach Aufteilung in die verschiedenen Spandickenbereiche entsprechende Zerspankräfte berechnen. In Bild 4.2 sind die gemessenen und simulierten Zerspankraftverläufe für eine Fräsbearbeitung gegenübergestellt. Es zeigt sich, dass das analytische bilineare Modell den Verlauf der Zerspankraft hinreichend genau abbildet.

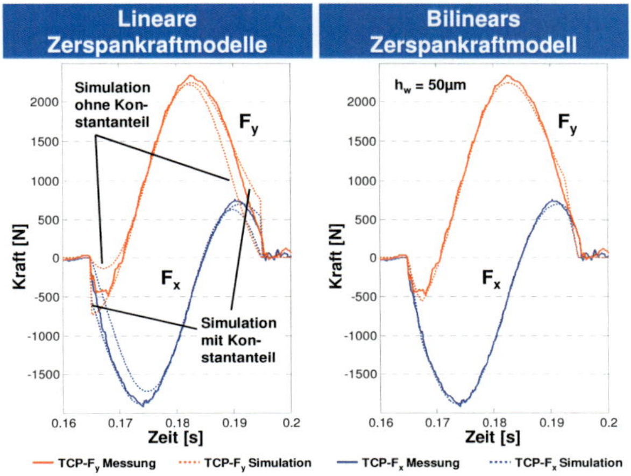

Versuchsparameter

Maschine:
- BAZ Heller H2000
- Vorschubrichtung: Y+

Prozess:
- Drehzahl: 1000 1/min
- Schnitttiefe: 5 mm
- Vorschub: 0,2 mm/Zahn
- Kinematik: Vollnut

Werkzeug / Werkstoff:
- Messerkopf: Sandvik R390-080Q27-18L
- Schneidenzahl: 1
- Schneidplatten: Sandvik R390-MM 2040
- Werkstoff: C45N

Messaufbau:
- Kistler Kraftmessplattform
- 20 kHz Abtastfrequenz

Bild 4.2: Vergleich gemessener und simulierter Zerspankräfte
Comparison of measured and simulated cutting forces

Die Randbedingungen aus der Mikro- und Makrogestaltung der Schneide, wie beispielsweise Anstellwinkel, Freiwinkel, Spanbrechnuten und Beschichtung, sind in den ermittelten Zerspankraftkoeffizienten K_{ic} und K_{ie} enthalten. Die Zerspankraftkoeffizienten für den Schneidstoff Sandvik CoroMill R390-12 und den Werkstoff C45N sind für eine Schnittgeschwindigkeit von 200 m/min in Bild 4.3 beispielhaft dargestellt.

Schnitttiefe	Zerspankraftkoeffizienten					
a_p [mm]	K_{tc} [N/mm²]	K_{te} [N/mm]	K_{fc} [N/mm²]	K_{fe} [N/mm]	K_{pc} [N/mm²]	K_{pe} [N/mm²]
1	1650	133	431	144	227	122
2	1699	107	423	159	– 18	42
3	1653	105	406	158	– 104	29
4	1675	91	423	152	– 132	18
6	1596	92	362	155	– 182	9
8	1502	110	316	164	– 197	6
10	1495	104	302	164	– 202	– 2
12	1484	114	314	163	– 212	– 3
14	1518	103	343	161	– 222	– 5

Wendeschneidplatte: R390-MM 2040 **Schnittgeschwindigkeit:** v_c = 200 m/min **Werkstoff:** C45N

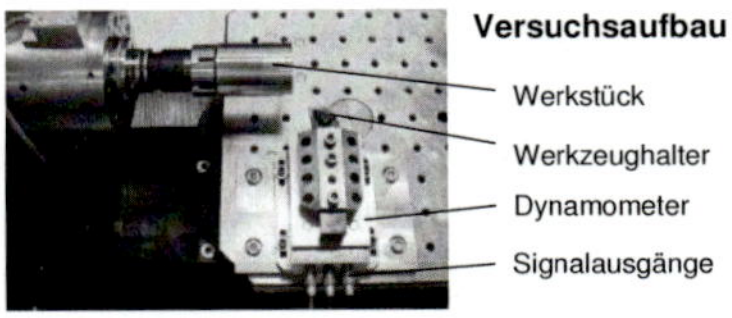

Werkzeughalter für die messtechnische Ermittlung der Zerspankräfte aus einem Drehversuch

Bild 4.3: Zerspankraftkoeffizienten für bilineares Zerspankraftmodell
Cutting force coefficients for the bilinear cutting force model

4.3 Modellierung von Referenzprozessen

Modelling of reference processes

Für eine vielseitig nutzbare, effiziente und gleichzeitig verifizierbare Stabilitätssimulation ist es zielführend, Referenzprozesse zu verwenden bzw. zu modellieren. Die Referenzprozesse müssen die wesentlichen industriellen Bearbeitungsprozesse von Dreh- und Fräsmaschinen widerspiegeln. Dazu bietet es sich an, ein Prozessmodell der Längsdrehbearbeitung für die Stabilitätssimulation von Drehmaschinen und ein Modell der dreiachsigen Fräsbearbeitung für Fräsmaschinen zu verwenden. Die jeweiligen Prozessmodelle müssen im Rahmen der Stabilitätssimulation dynamische Prozesskräfte auf Grundlage der vorgegebenen Prozesskinematik und der dynamischen Maschinenverlagerungen berechnen.

4.3.1 Prozessmodell für die Fräsbearbeitung

Process model for milling

Das erarbeitete Prozessmodell bildet die allgemeine dreiachsige Bearbeitung mit Messerköpfen und zylinderförmigen Schaftfräsern ab. Da die rotierenden Schneiden beim Zerspanvorgang durch das stehende Werkstück geführt werden, sind die Eingriffskinematik und die dynamische Prozesskraftentwicklung aufwändiger abzubilden als bei der Drehbearbeitung. Zusätzlich ist die Fräsbearbeitung gegenüber der Drehbearbeitung hinsichtlich der Prozessgestaltung wesentlich variabler und es muss eine Vielzahl unterschiedlicher Einflussgrößen im Referenzmodell für die Prozesskinematik der Fräsbearbeitung hinterlegt werden. Die für die Prozesskinematik zu berücksichtigenden und zu erläuternden Einflussgrößen sind:

- Fräsrichtung und aktueller Werkzeugwinkel
- Eingriffsverhältnisse
- Helixwinkel
- Werkzeugteilung und radialer Schneidenversatz

Berücksichtigung der Fräsrichtung und des aktuellen Schneidenwinkels

Die Berechnung der Zerspankraft an einer einzelnen rotierenden Schneide erfolgt analog dem zuvor dargestellten bilinearen Zerspankraftmodell auf Basis der zu einem bestimmten Zeitpunkt vorliegenden Schnitttiefe b und Spanungdicke h sowie in Abhängigkeit der jeweiligen Zerspankraftkoeffizienten. Dazu müssen jedoch der zeitvariante Lagewinkel der Schneide und die vorliegenden Maschinenverlagerungen bekannt sein. Bild 4.4 zeigt das grundlegende Modell zur Bestimmung der Eingriffsverhältnisse und -winkel bei der dreiachsigen Fräsbearbeitung.

Da sich je nach eingestellter Vorschubrichtung der Fräsbearbeitung unterschiedliche Stabilitätskarten ergeben, muss der Richtungswinkel der Fräsbearbeitung ebenfalls in dem Modell berücksichtigt werden [WECK06a].

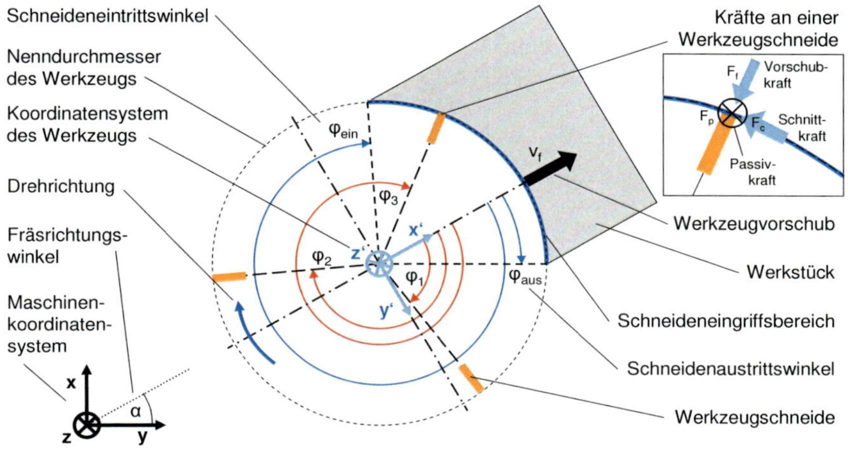

Bild 4.4: Eingriffswinkel bei der dreiachsigen Fräsbearbeitung

Tool engagement angles in three-axis milling

Daher ist sowohl vor als auch nach der Berechnung der dynamischen Maschinenverlagerungen eine Transformation zwischen dem Maschinenkoordinatensystem (X/Y/Z) und dem Werkzeugkoordinatensystem (X'/Y'/Z') notwendig, vgl. Bild 4.5 oberer Teil. Zusätzlich werden sowohl die aktuellen Maschinenverlagerungen als auch die Maschinenverlagerungen, die bei einem Schneideneingriff zuvor erzeugt wurden, verrechnet. Die Bestimmung der Totzeiten wird im darauf folgenden Abschnitt erläutert.

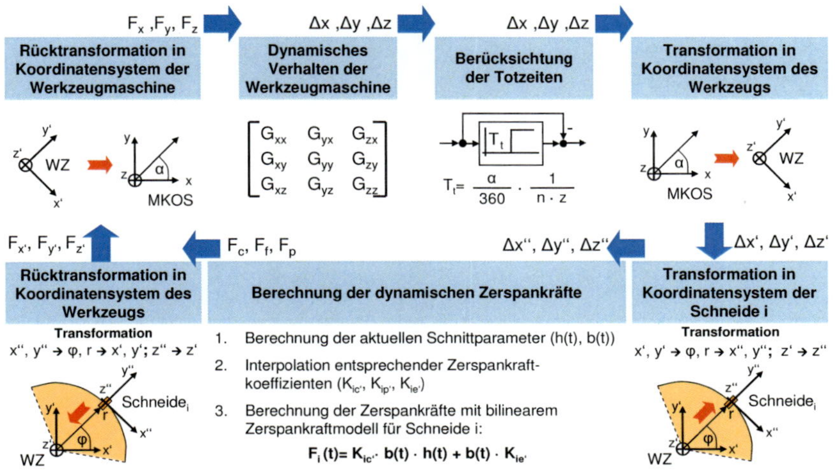

Bild 4.5: Transformation der TCP-Verlagerungen für die Zerspankraftberechnung

Transformation of TCP-displacements for the calculation of cutting forces

Für die weitere Berechnung der Zerspankräfte können die Verlagerungen des Werkzeugs in axialer Richtung problemlos in eine neue Schnittbreite b' und dazu entsprechende Zerspankraftkoeffizienten umgerechnet werden. Verlagerungen in den radialen Werkzeugkoordinaten X' und Y' erfordern jedoch eine Transformation der X'-Y'-Verlagerung aus dem Werkzeugkoordinatensystem in eine für die Schneide relevante r-φ-Verlagerung in das Koordinatensystem der betrachteten Schneide. Diese r-φ-Verlagerung jeder Schneide berücksichtigt die radiale Verschiebung r(t) einer Schneide bezogen auf den Mittelpunkt des Werkzeugs sowie den lokalen, zeitabhängigen Drehwinkel φ(t). Mit Hilfe dieser Werte kann die aktuell gegebene Spandicke h(t) bestimmt werden, mit der sich anschließend Schnitt-, Vorschub- und Passivkraft für eine Schneide berechnen lassen. Eine darauf folgende Rücktransformation aus dem Koordinatensystem der Schneide überführt diese Kräfte wieder in das X'-Y'-Koordinatensystem des Werkzeugs, Bild 4.5 unterer Teil.

Sollten mehrere Schneiden gleichzeitig im Eingriff sein, so müssen die Transformationsschritte zwischen Werkzeug und Schneide sowie die Zerspankraftberechnung einzeln für die Schneiden ausgeführt werden. Die vektorielle Summation aller Zerspankräfte im Koordinatensystem des Werkzeugs führt zu den Gesamtkräften, die bei der Zerspanung auf das Werkzeug bzw. anschließend auf die Maschine wirken.

Berücksichtigung der Eingriffsbedingungen

Neben der Fräsrichtung müssen auch die für die dreiachsige Fräsbearbeitung relevanten Eingriffsbedingungen modelliert werden, da der Verlauf der dynamischen Zerspankräfte durch den Eintritt der Werkzeugschneide bestimmt wird [ALTI95], [DAVI00]. Insbesondere die unterschiedliche Entwicklung der Zerspankräfte beim Gleich- und Gegenlauffräsen muss hierbei abgebildet werden, vgl. Bild 4.6.

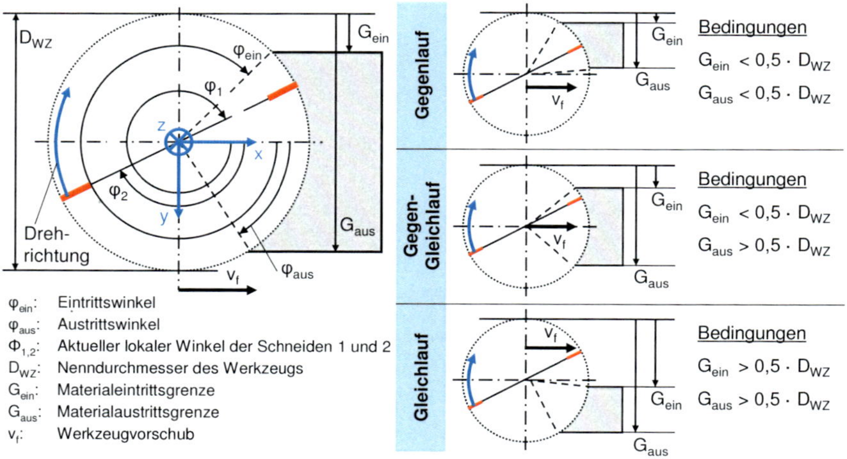

Bild 4.6: Werkzeugeingriffe bei der Fräsbearbeitung

Tool engagements in milling

Während für die Beschreibung der Eingriffsbedingungen des Werkzeugs im Allgemeinen bei der NC-Programmierung ein kartesisches Koordinatensystem verwendet wird, sind im Modell des Fräsers die Ein- und Austrittswinkel der Schneiden relevant. Diese programmiertechnische Vorgabe kann als Ein- und Austrittsgrenze für das Werkzeug definiert werden. Zudem muss für die Abbildung des Werkzeugeingriffs bei unterschiedlichen Eingriffsbedingungen entschieden werden, ob sich eine Schneide im Materialeingriff befindet oder nicht. In Bild 4.6 sind die für das Werkzeug möglichen Eingriffsverhältnisse dargestellt.

Eine Berücksichtigung dieser drei Eingriffsverhältnisse ist im Simulationsmodell mit Hilfe einer Fallunterscheidung und nachfolgender Umrechnung des Ein- und Austrittswinkels der Werkzeugschneiden möglich. Die sich für die drei Fälle ergebenden Ein- und Austrittswinkel und die resultierende Bedingung für den Schneideneingriff sind in Bild 4.7 dargestellt.

		Ein- und Austrittswinkel	Bedingung für Schneideneingriff
Gegenlauf	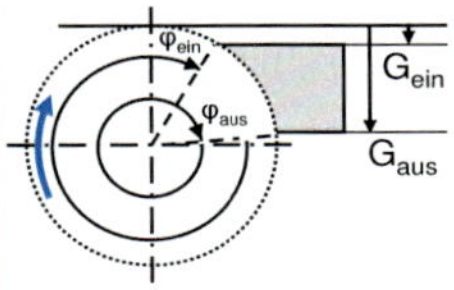	$\varphi_{ein} = \frac{3}{2}\pi + \arccos\left(\frac{0{,}5 \cdot D_{WZ} - G_{ein}}{0{,}5 \cdot D_{WZ}}\right)$ $\varphi_{aus} = \frac{3}{2}\pi + \arccos\left(\frac{0{,}5 \cdot D_{WZ} - G_{aus}}{0{,}5 \cdot D_{WZ}}\right)$	$\varphi_{ein} < \varphi_{lokal} < \varphi_{aus}$
Gegen-Gleichlauf	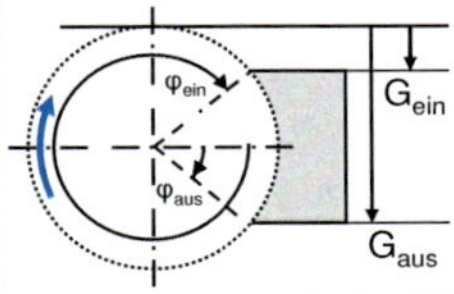	$\varphi_{ein} = \frac{3}{2}\pi + \arccos\left(\frac{0{,}5 \cdot D_{WZ} - G_{ein}}{0{,}5 \cdot D_{WZ}}\right)$ $\varphi_{aus} = \arcsin\left(\frac{G_{aus} - 0{,}5 \cdot D_{WZ}}{0{,}5 \cdot D_{WZ}}\right)$	$\varphi_{ein} < \varphi_{lokal} < 2\pi$ **oder** $0 < \varphi_{lokal} < \varphi_{aus}$
Gleichlauf	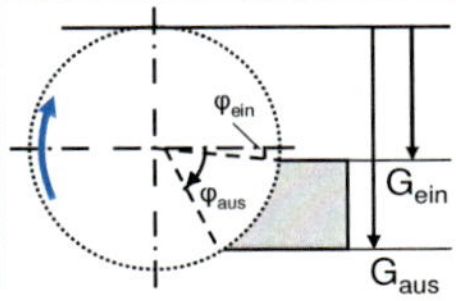	$\varphi_{ein} = \arcsin\left(\frac{G_{ein} - 0{,}5 \cdot D_{WZ}}{0{,}5 \cdot D_{WZ}}\right)$ $\varphi_{aus} = \arcsin\left(\frac{G_{aus} - 0{,}5 \cdot D_{WZ}}{0{,}5 \cdot D_{WZ}}\right)$	$\varphi_{ein} < \varphi_{lokal} < \varphi_{aus}$

Bild 4.7: Ein- und Austrittswinkel bei unterschiedlichen Werkzeugeingriffen
Entry and exit angles for different tool engagements

Berücksichtigung des Helixwinkels

Das dynamische Zerspankraftverhalten ist nicht nur von der Höhe, sondern auch vom zeitlichen Verlauf der Zerspankräfte abhängig. Einen wesentlichen Einfluss auf den zeitlichen Verlauf besitzt der Helixwinkel des Werkzeugs, der eine zeitliche Verschiebung des Schneideneingriffs über die Länge des Werkzeugs verursacht [STON70], [LÖSE10]. Neben Schaftfräsern besitzen auch Messerköpfe einen nicht zu vernachlässigenden Anstellwinkel der Schneiden, der dem Helixwinkel von Schaftfräsern entspricht, Bild 4.8. Die Abbildung einer solchen Werkzeuggeometrie kann über eine Diskretisierung des Werkzeugs in Scheiben mit einer definierten Länge erfolgen, die bereits in anderen Arbeiten untersucht und erarbeitet wurde [BEER95], [SURM06], [ESSE10]. Zusammenfassend kann festgehalten werden, dass mit einer Diskretisierung des Werkzeugs mit 10 Scheiben pro Millimeter der Werkzeuglänge eine ausreichend genaue Abbildung des Zerspankraftverlaufs erreicht werden kann. Die Höhe der an einer Schneide auftretenden Zerspankräfte F_c, F_f und F_p wird über die entsprechenden Zerspankoeffizienten des Werkzeugs abgebildet.

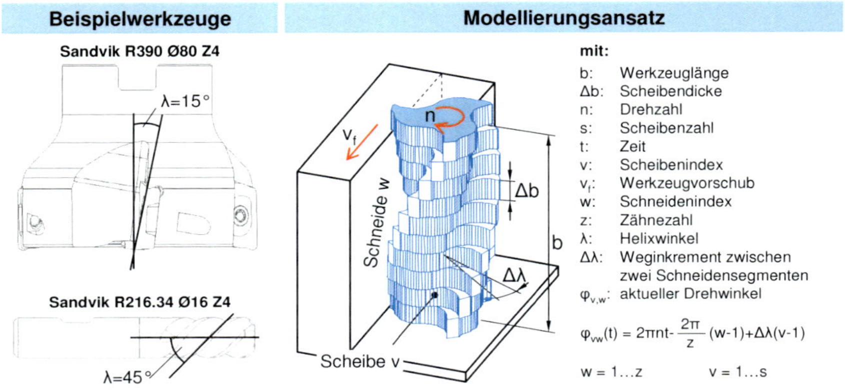

Bild 4.8: Abbildung des Helixwinkels mit Hilfe einer Diskretisierung der Werkzeuglänge
Consideration of the helix angle using a discretization of the tool length

Berücksichtigung der Werkzeugteilung und des radialen Schneidenversatzes

Wie bereits in Kapitel 2.4.2 dargestellt, kann mit ungleichgeteilten Werkzeugen eine wesentliche Beeinflussung des Stabilitätsverhaltens erreicht werden. Daher muss dieser Effekt im Referenzmodell abgebildet werden [DENK08]. Des Weiteren sind auf Grund von Fertigungstoleranzen die Schneiden eines Werkzeugs nicht exakt auf dem Werkzeugumfang angeordnet. Da auch dies einen großen Einfluss auf die Dynamik des Prozesskraftverlaufs besitzt, muss dies in einem Modell entsprechend abgebildet werden.

Die Ungleichteilung stellt eine Beeinflussung des eigentlich über den Umfang des Werkzeugs regelmäßigen angularen Schneidenversatzes dar. Einerseits beeinflusst der angulare Schneidenversatz die Totzeiten zwischen den Schneideneingriffen, die nun für jede Schneide separat berechnet werden müssen:

$$T_{t,i} = \frac{\alpha_{i-1,i}}{360} \cdot \frac{1}{n \cdot z} \tag{4.1}$$

mit: $T_{t,i}$ Spezifische Totzeit der Schneide i,

$\alpha_{i-1,i}$ Winkel zwischen der Schneide i und der Schneide i-1,

n Drehzahl,

z Zähnezahl des Werkzeugs.

Andererseits wird durch den angularen Schneidenversatz der vorgegebene Zahnvorschub modifiziert, da die jeweiligen Schneiden bei einer Ungleichteilung zu abweichenden Zeitpunkten in das Werkstück eingreifen. Dieser Effekt wird durch den radialen Schneidenversatz, der durch die Fertigungstoleranzen des Werkzeugs begründet ist, überlagert. Insgesamt ergibt sich folgender spezifische Zahnvorschub für die einzelnen Schneiden:

$$f_{z,i} = f_z \cdot z \cdot \frac{\alpha_{i-1,i}}{360} + \left(r_i - r_{i-1}\right) \tag{4.2}$$

mit: $f_{z,i}$ Spezifischer Zahnvorschub der Schneide i,

f_z vorgegebener Zahnvorschub,

$\alpha_{i-1,i}$ Winkel zwischen der Schneide i und der Schneide i-1,

r_i radialer Versatz der Schneide i,

r_{i-1} radialer Versatz der Schneide i-1,

z Zähnezahl des Werkzeugs.

Beispielhaft sind die Größen dieser beiden Faktoren an zwei industriell gebräuchlichen Messerköpfen in Bild 4.9 dargestellt.

Sandvik R390-080Q27-18L

Nenndurchmesser: 80 mm
Schneidenzahl: 4
(Ungleichteilung)
Wendschneidplatten:
R390-1806 08M-PM 4230

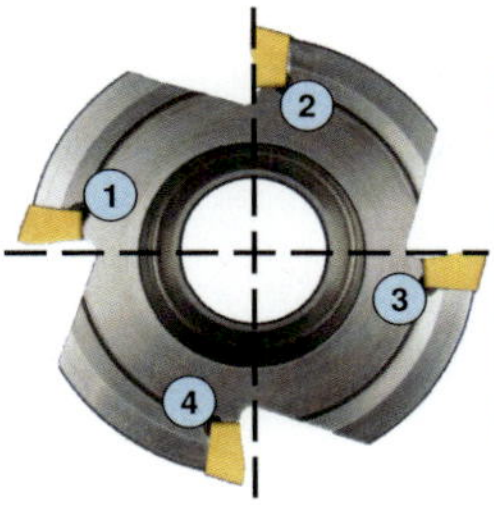

Winkelversatz [°]		Radialversatz [mm]	
1 → 2:	86,9	1:	-0,026
2 → 3:	89,0	2:	-0,031
3 → 4:	93,4	3:	-0,003
4 → 1:	90,7	4:	+0,000

Sandvik R300-063Q22-12M

Nenndurchmesser: 63 mm
Schneidenzahl: 5
(Ungleichteilung)
Wendschneidplatten:
R300-1240M-MM 2030

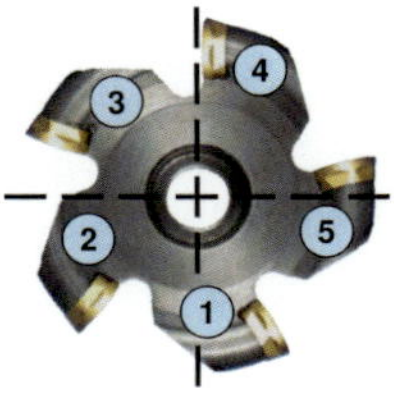

Winkelversatz [°]		Radialversatz [mm]	
1 → 2:	70,4	1:	-0,037
2 → 3:	69,5	2:	-0,023
3 → 4:	72,0	3:	-0,033
4 → 5:	74,9	4:	-0,016
5 → 1:	73,2	5:	+0,000

Bild 4.9: Schneidenversatz an typischen Fräswerkzeugen
Cutting edge offsets at typical milling tools

Unter Berücksichtigung dieser vier zuvor erläuterten Einflussgrößen auf den dreiachsigen Fräsprozess kann ein Modell für die Prozesskinematik erstellt werden, das die relevanten Effekte realer Bearbeitungsprozesse entsprechend abbildet.

Ein Vergleich zwischen gemessenem und simuliertem Verlauf der Prozesskräfte ist in Bild 4.10 dargestellt. Es zeigt sich, dass das dynamische Prozesskraftverhalten auch bei hohen Schnitttiefen hinsichtlich Amplitude und dynamischen Kraftverlaufs hinreichend genau berechnet werden kann.

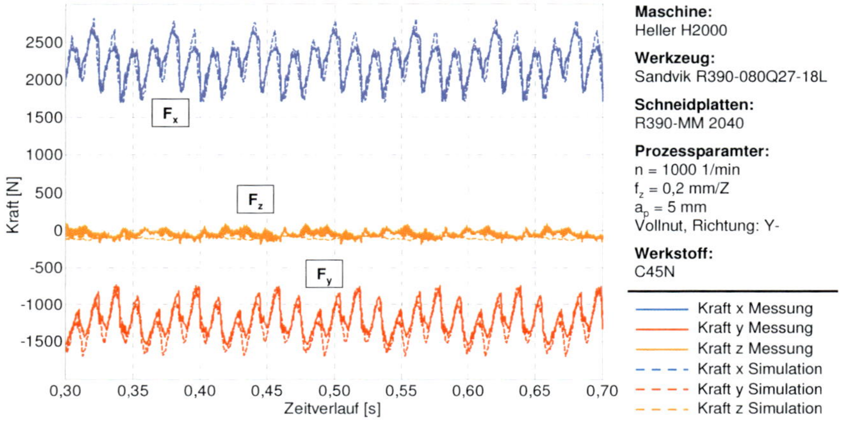

Bild 4.10: Vergleich zwischen gemessenen und simulierten Zerspankräften für die dreiachsige Fräsbearbeitung

Comparison between measured and simulated cutting forces for the three-axis milling

4.3.2 Prozessmodell für die Längsdrehbearbeitung

Process model for longitudinal turning

Die Prozesskinematik der Längsdrehbearbeitung ist auf der linken Seite von Bild 4.11 dargestellt. Ein analytisches Zerspankraftmodell mit entsprechend dynamischen Zerspankräften ist auf der rechten Seite gegeben.

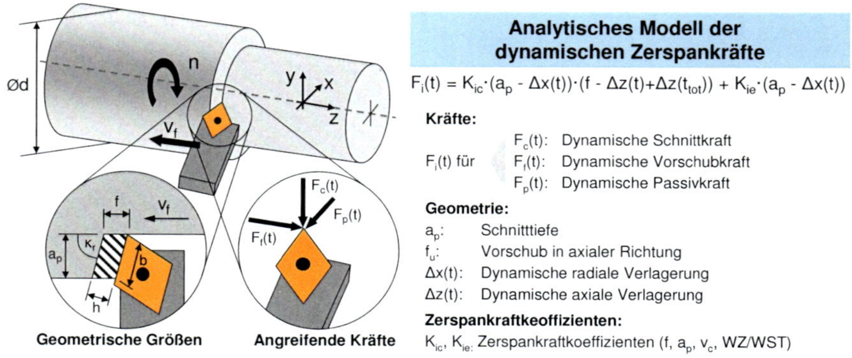

Bild 4.11: Prozesskinematik bei der Längsdrehbearbeitung

Process kinematics in longitudinal turning

Die Zustellung zur Ermittlung der maximal erreichbaren stabilen Schnitttiefe erfolgt in radialer Richtung und die Vorschubbewegung in axialer Werkstückrichtung. Das dynamische Verhalten der Zerspankräfte wird über die Verrechnung der axialen und radialen Maschinenverlagerungen direkt im Zerspankraftmodell abgebildet.

Im Rahmen einer Verifikation des Simulationsmodells muss berücksichtigt werden, dass die Zerspankräfte sowohl von Schnitttiefe und Vorschub als auch von der Schnittgeschwindigkeit abhängen. Dies führt bei der Längsdrehbearbeitung dazu, dass die Schnittgeschwindigkeit als zusätzlicher Parameter bei der Erstellung von Stabilitätskarten berücksichtigt werden muss. Die Schnittgeschwindigkeit berechnet sich für die Längsdrehbearbeitung aus:

$$v_c = \pi \cdot d \cdot n \tag{4.3}$$

Während bei der Simulation ohne Probleme die Schnittgeschwindigkeit konstant gehalten werden kann, müssen im realen Bearbeitungsversuch stets der aktuelle und sich ändernde Werkstückdurchmesser sowie die Zustellung beachtet werden. Dies erfordert eine systematische Variation der Versuchsparameter Drehzahl, Schnitttiefe und Werkstückdurchmesser. Für den Abgleich der Stabilitätssimulation mit Zerspanversuchen bedeutet dies, dass entweder eine dreidimensionale Stabilitätskarte erstellt werden muss oder eine Vorbereitung der Werkstücke auf die jeweiligen Durchmesser erforderlich ist. Auch bei der Ermittlung der Zerspankraftkoeffizienten muss neben der Schnitttiefe die Schnittgeschwindigkeit als Versuchsparameter festgehalten werden. In Bild 4.12 ist für die Längsdrehbearbeitung die Verifikation der Zerspankraftsimulation anhand eines beispielhaften Bearbeitungsprozesses dargestellt.

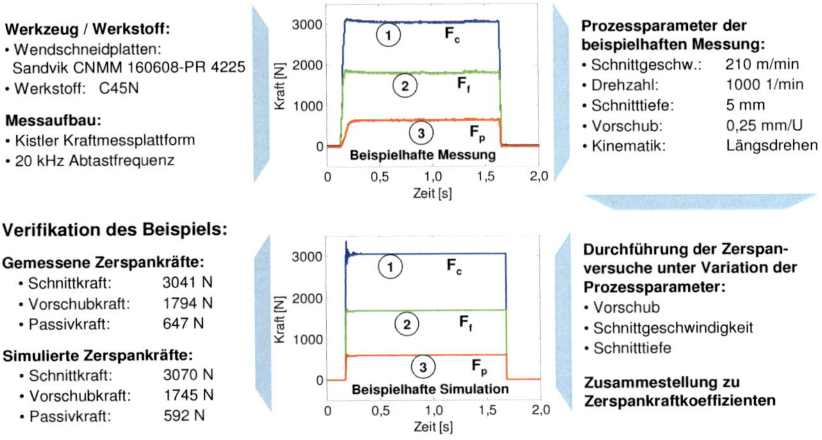

Bild 4.12: Verifikation der Zerspankraftsimulation für die Längsdrehbearbeitung

Verification of the cutting force simulation for longitudinal turning

Die Ermittlung der Zerspankraftkoeffizienten erfolgt somit auf Grundlage umfangreicher Versuchsreihen. Mit Hilfe dieser messtechnisch erfassten Zerspankraftkoeffizienten für die Schneidplatten vom Typ Sandvik CNMM 160608-PR 4225 und den Werkstoff C45N ist es möglich, die sich ergebenden Kennfelder der Zerspankräfte über Schnitttiefe und Schnittgeschwindigkeit zu berechnen, vgl. Bild 4.13. Diese Kennfelder gelten für die stationäre Bearbeitung und somit ohne die Berücksichtigung zusätzlicher statischer oder dynamischer Wechselwirkungen zwischen Maschine und Prozess.

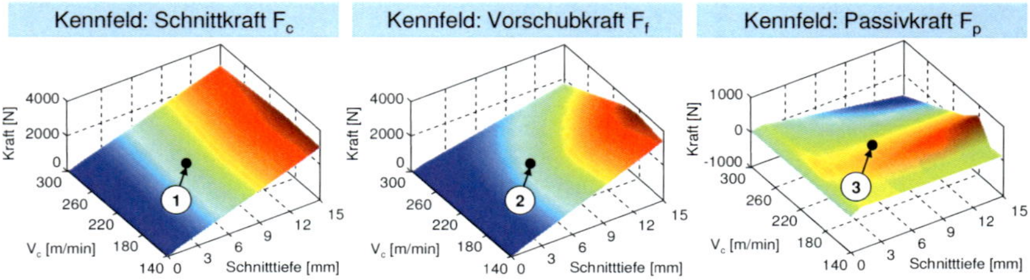

Bild 4.13: Berechnete Kennfelder für Zerspankräfte bei der Längsdrehbearbeitung
Characteristic diagrams for cutting force coefficients in longitudinal turning

Eine Auswertung dieser Kennfelder ergibt zunächst, dass die Schnittkraft F_c und die Vorschubkraft F_f im betrachteten Kennfeld wesentlich größer sind als die Passivkraft F_p. Zudem zeigt sich, dass die Schnittkraft F_c linear und ohne Einfluss der Schnittgeschwindigkeit über die Schnitttiefe ansteigt. Demgegenüber ist bei der Vorschubkraft F_f und der Passivkraft F_p neben der Abhängigkeit der Schnitttiefe auch eine Abhängigkeit bezüglich der Schnittgeschwindigkeit gegeben. So fällt insbesondere bei hohen Schnitttiefe und hohen Schnittgeschwindigkeiten die Passivkraft F_p ab und wird negativ. Die Ursache dieses Passivkraftverhaltens begründet sich in der Makrogeometrie der Schneidkante sowie dem Einstellwinkel des Werkzeugs die dazu führen, dass bei hohen Schnitttiefen und hohen Schnittgeschwindigkeiten das Werkzeug nicht mehr vom Werkstück abgedrängt sondern zum Werkstück gezogen wird.

4.4 Simulative Bestimmung von Stabilitätskarten

Simulation based identification of stability charts

Neben der Berechnung von dynamischen Zerspankräften mit Hilfe von Referenzprozessen sind auch die Bewertung der Prozessstabilität mit Hilfe eines geeigneten Kriteriums sowie die Vorgehensweise zur simulativen Bestimmung der Stabilitätskarte relevante Aspekte der Stabilitätssimulation. Im Folgenden werden daher beide Aspekte anhand der erarbeiteten und dieser Arbeit verwendeten Methoden näher erläutert.

4.4.1 Kriterium zur Bewertung der Prozessstabilität

Criterion for the assessment of process stability

Mit Hilfe der vorgestellten Modelle für Referenzprozesse können im Rahmen eines Wechselwirkungskreises dynamische Prozesskraftverläufe und dynamische Maschinenverlagerungen berechnet werden. Für die Erstellung von Stabilitätskarten muss zusätzlich unterschieden werden, inwieweit ein berechneter Bearbeitungsprozess stabil oder instabil verläuft. Wesentliches Problem bei der Bewertung der Prozessstabilität ist, dass sowohl stabile als auch instabile Bearbeitungsprozesse dynamische Maschinenverlagerungen hervorrufen. Bild 4.14 zeigt dazu unterschiedliche zeitliche Verlagerungen der TCP-Bahn bei einem Fräsbearbeitungsprozess, die von einem Algorithmus automatisch als stabiler oder instabiler Bearbeitungsprozess erkannt werden müssen. Während bei einer Schnitttiefe von 6 mm noch ein stabiler Prozessverlauf vorliegt, der zu Schwingungen des TCP mit der Zahneingriffsfrequenz führt, treten ab einer Schnitttiefe von 6,1 mm regenerative Ratterschwingungen mit einer entsprechenden Ratterfrequenz auf. Die Amplitude dieser regenerativen Schwingungen ist wesentlich größer als die Amplitude der Schwingungen bei einer stabilen Prozessführung. Im verwendeten Simulationsmodell ist ebenfalls berücksichtigt, dass durch das Austreten der Werkzeugschneide aus dem Werkstück und dem damit verbundenem Zusammenbruch der Zerspankräfte die Schwingungsamplitude limitiert wird. In verschiedenen Arbeiten wurden bereits Verfahren und Kriterien zur Bewertung der Prozessstabilität entwickelt und untersucht, die in dieser Arbeit aufgegriffen und entsprechend modifiziert werden [ESSE10], [ENDR02], [KALV05], [SURM06].

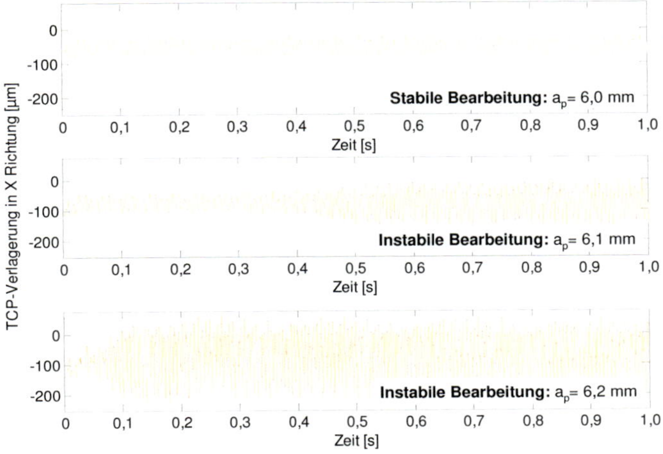

Simulationsparameter:

Maschine:
Heller H2000

Werkzeug:
Sandvik R390-080Q27-18L

Schneidplatten:
R390-MM 2040

Prozessparamter:
n = 800 1/min
f_z = 0,2 mm/Z
Vollnut, Richtung: Y-

Werkstoff:
C45N

Bild 4.14: TCP Verlagerungen für stabile und instabile Zerspanprozesse

TCP displacements of stable and instable cutting processes

Das Stabilitätskriterium muss im Hinblick auf die Zielsetzung, der Berechnung präziser Stabilitätskarten für Maschinen im Entwicklungsprozess, die beiden folgenden Kriterien erfüllen. Zum einen muss stets eine korrekte Bewertung der Referenzprozesse gewährleistet sein. Dies bedeutet beispielsweise, dass auch instabile Prozesse mit Schwebungen, die auf Grund von mehreren, aber deutlich unterschiedlichen Ratterfrequenzen entstehen können, als instabil erkannt werden müssen. Zum anderen muss das Stabilitätskriterium eine geringe Rechenzeit erfordern. Da das Kriterium vielfach aufgerufen wird, ist eine lange Umrechnung und Auswertung von Prozessdaten nicht zielführend. Daher bietet es sich an, die bereits bei der zeitbereichsbasierten Berechnung anfallenden Prozessdaten, wie beispielsweise die dynamischen Maschinenverlagerungen, als Datenbasis für die Stabilitätsbewertung zu verwenden.

Auf Grundlage dieser Anforderungen wurde ein Stabilitätskriterium erarbeitet, das in den Grundzügen auf dem Poincaré-Schnittverfahren basiert. Bei diesem Verfahren wird der zeitliche Verlauf der TCP-Bewegung analysiert und bewertet. Die Grundlage des Verfahrens ist die Beobachtung, dass bei stabilen Bearbeitungsprozessen der TCP trotz dynamischer Zerspankräfte und dynamischer Maschinenverlagerungen bei einer Abtastung mit der Drehfrequenz des Fräsers bzw. des Werkstücks bei der Drehbearbeitung an einem stationären Punkt verharrt [SURM06]. Demgegenüber ist bei instabilen Bearbeitungsprozessen bei einer gleichen Abtastung ein willkürlicher und springender Verlauf des TCP zu beobachten. Durch die Auswertung des Verlaufs dieser Poincaré-Punkte kann somit eine Bewertung der Prozessstabilität erfolgen. Die Ausarbeitung des Verfahrens und eine Erweiterung zur Eingrenzung der Grenzschnitttiefe sind in Bild 4.15 dargestellt.

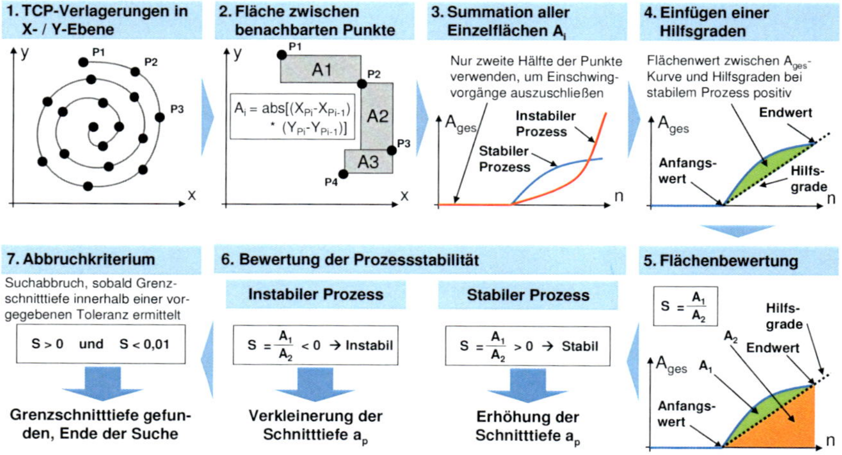

Bild 4.15: Stabilitätskriterium für Bearbeitungsprozesse
Stability criterion for machining processes

In Bild 4.16 sind zwei Bearbeitungsprozesse mit jeweils einer stabilen und einer instabilen Schnitttiefe dargestellt. Es lässt sich erkennen, dass die Poincaré-Punkte für eine stabile Bearbeitung an einer Stelle verharren, während bei einer instabilen Bearbeitung die Poincaré-Punkte auf der Bewegungsbahn des TCP verteilt sind.

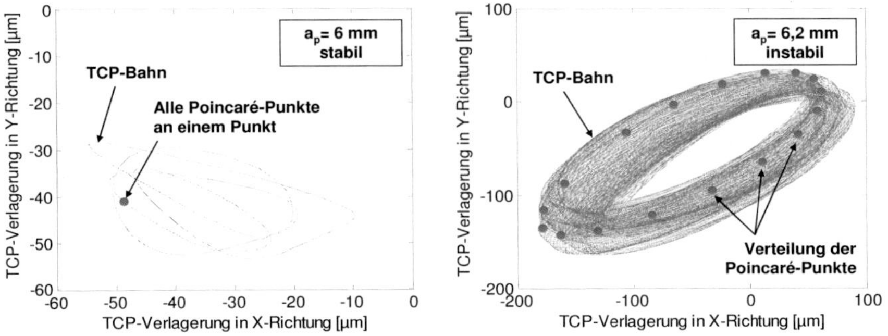

Bild 4.16: Bewertung von Bearbeitungsprozessen durch das Stabilitätskriterium
Assessment of machining processes using the stability criterion

Eine Übertragbarkeit des Stabilitätskriteriums von der Fräsbearbeitung auf die Drehbearbeitung ist möglich. Gegenüber der Fräsbearbeitung müssen bei der Drehbearbeitung jedoch nicht die Verlagerungen im X-Y-Koordinatensystem, sondern im X-Z-Koordinatensystem ausgewertet werden.

4.4.2 Vorgehensweise zur Bestimmung der Stabilitätskarte

Procedure for determining the stability chart

Die Erstellung der Stabilitätskarte kann nun auf Basis des in Bild 4.17 dargestellten Ablaufdiagramms erfolgen. Bei einer festgelegten Drehzahl wird ausgehend von einer minimalen Schnitttiefe, die als stabil gelten sollte, und einer maximalen Schnitttiefe, die als instabil gelten sollte, mit Hilfe eines Bisektionsverfahrens die Stabilitätsgrenze ermittelt. Das zuvor vorgestellte Stabilitätskriterium übernimmt die Bewertung der Prozessstabilität. Sobald die Stabilitätsgrenze hinreichend genau bekannt ist, kann dieser Schnitttiefenwert als Stabilitätsgrenze markiert werden.

Um nicht bei der abschließenden Bestimmung der kritischen Ratterfrequenz die Zahneingriffsfrequenz zu ermitteln, muss bei der untersuchten Drehzahl unterschieden werden, ob der zuletzt berechnete Bearbeitungsprozess als stabil oder instabil erkannt wurde. Bei einem instabilen Bearbeitungsprozess kann die Ratterfrequenz direkt aus den noch vorliegenden TCP-Daten Hilfe einer Fourier-Transformation ermittelt werden. Demgegenüber muss bei einem stabilen Bearbeitungsprozess eine zusätzliche Berechnung mit einer leicht erhöhten Schnitttiefe durchgeführt und bezüglich der Ratterfrequenz ausgewertet werden. Danach kann die Drehzahl entsprechend der vorgegebenen Drehzahlstufung erhöht werden und die Bestimmung der Grenzschnitttiefe für diese neue Drehzahl kann erfolgen.

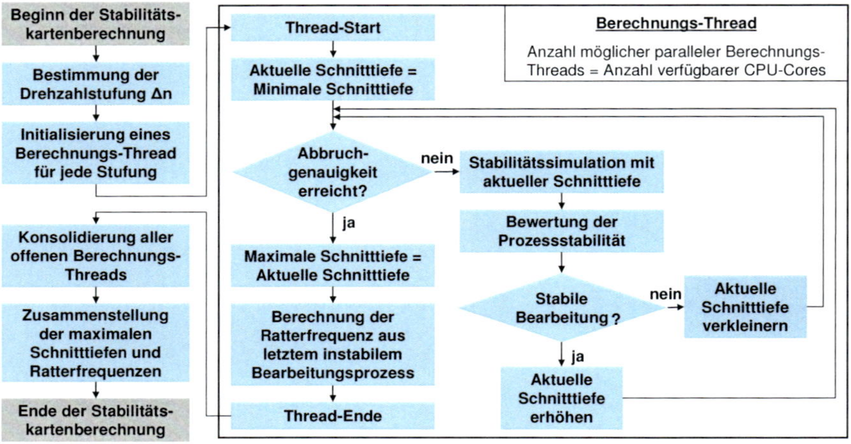

Bild 4.17: Ablaufdiagramm zur Bestimmung der Stabilitätskarte
Flow chart for determining the stability chart

Neben der Stabilitätskarte wird vielfach in der Praxis auch das bei einer Drehzahl maximal erreichbare Zeitspanungsvolumen Z_i für die Bewertung von Maschinensystemen verwendet. Das Zeitspanungsvolumen $Z_{Fräs}$ kann für die dreiachsige Fräsbearbeitung mit Hilfe der folgenden Gleichung berechnet werden:

$$Z_{Fräs} = b_{cr} \cdot f_z \cdot z \cdot (x_{aus} - x_{ein}) \cdot n \qquad (4.4)$$

mit: $Z_{Fräs}$ Zeitspanungsvolumen für die dreiachsige Fräsbearbeitung,
b_{cr} kritische Grenzschnittbreite,
f_z Zahnvorschub,
z Zähnezahl des Werkzeugs,
x_{aus} Grenze des Werkzeugaustritts,
x_{ein} Grenze des Werkzeugeintritts,
n Drehzahl.

Für die Längsdrehbearbeitung kann eine entsprechende Formel für das Zeitspanungsvolumen Z_{LDreh} angegeben werden:

$$Z_{LDreh} = b_{cr} \cdot (D_a - b_{cr}) \cdot \pi \cdot f_u \cdot n \qquad (4.5)$$

mit: Z_{LDreh} Zeitspanungsvolumen für die Längsdrehbearbeitung,
b_{cr} kritische Grenzschnittbreite,
D_a Außendurchmesser des Werkstücks,
f_u Vorschub pro Umdrehung,
n Drehzahl.

5 Simulationsansätze zur Berechnung der Prozessstabilität

Simulation approaches for the calculation of process stability

In diesem Kapitel werden zwei voneinander verschiedene Ansätze bzw. Vorgehensweisen zur Simulation der Prozessstabilität von FE-Modellen für den Entwicklungsprozess von Werkzeugmaschinen vorgestellt. Zusätzlich erfolgt die Verifikation anhand eines Einmassenschwingermodells und realer Bearbeitungsversuche.

5.1 Eigenständige Stabilitätssimulation

Self-contained stability simulation

Der erste Simulationsansatz zur Berechnung von Stabilitätskarten bietet die Möglichkeit, die gesamte Berechnung von Stabilitätskarten in einer dazu entwickelten eigenständigen Simulationssoftware durchzuführen. In dieser Software kann entsprechend den zuvor vorgestellten Referenzmodellen die Stabilitätssimulation durchgeführt werden, ohne dass eine FE-Software benötigt wird. Dazu muss zunächst das FE-Modell für diese eigenständige Software aufbereitet werden.

5.1.1 Reduktion des dynamischen Maschinenverhaltens

Reduction of the dynamic machine tool behaviour

Die eigenständige Stabilitätssimulation beruht auf einer Reduktion des dynamischen Maschinenverhaltens des FE-Modells und einer Stabilitätssimulation mit Hilfe einer dafür vorgesehenen eigenständigen Stabilitätssoftware, vgl. Bild 5.1

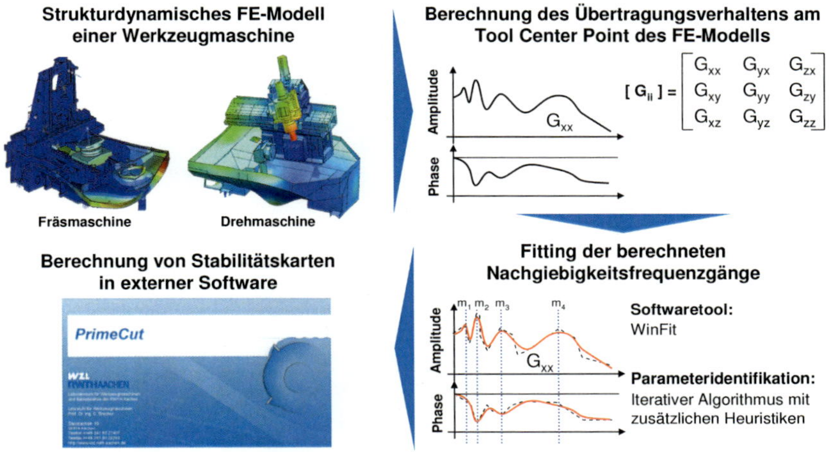

Bild 5.1: Berechnung von Stabilitätskarten mit reduzierten FE-Modellen
Simulation of stability charts with reduced FE-models

Die für eine Stabilitätssimulation relevanten Eingangsdaten bezüglich des Maschinenverhaltens sind die dynamischen Verlagerungen des TCP auf Grund angreifender dynamischer Bearbeitungskräfte. Dieses Übertragungsverhalten am TCP einer Werkzeugmaschine wird in einem FE-System zwischen einem Anregungs- und einem Messknoten durch das FE-Modell abgebildet. Um im FE-gestützten Entwicklungsprozess die Prozessstabilität als Bewertungskriterium nutzen zu können, ist es möglich, das Übertragungsverhalten am TCP des FE-Modells auf einen analytischen Mehrmassenschwingeransatz zu reduzieren [BIER08], [UNGE09].

Die Berechnung des Übertragungsverhaltens bzw. von Nachgiebigkeitsfrequenzgängen zwischen einem Anregungs- und einem Messknoten ist eine grundlegende Funktion heutiger kommerzieller FE-Software. Mit Hilfe eines so genannten Fitting-Algorithmus ist es möglich, das Übertragungsverhalten in ein analytisch beschreibbares System von n modalen Moden zu überführen. Die Grundlage zur Überführung liefert zunächst die Summation von n Differentialgleichungen 2. Ordnung der n modalen Moden [WECK06a]:

$$G(j\omega) = \frac{x(j\omega)}{F(j\omega)} = \sum_{k=1}^{n} \frac{S_k + j\omega R_k}{1 + 2D_k \frac{j\omega}{\omega_{0k}} + \left(\frac{j\omega}{\omega_{0k}}\right)^2} \tag{5.1}$$

mit: ω_{0k} Eigenkreisfrequenz des k-ten Modes,

D_k Dämpfungsmaß des k-ten Modes,

S_k Realteil der modalen Nachgiebigkeit des k-ten Modes,

R_k Imaginärteil der modalen Nachgiebigkeit des k-ten Modes,

n Anzahl der Modes,

k 1, ..., n Modenummer.

Da bei der Abbildung von Bearbeitungsprozessen mit hohen geforderten Zeitspanungsvolumen, wie beispielsweise die Bearbeitung von Stahlwerkstoffen mit einem Messerkopf oder einem Schaftfräser, ein stets wechselnder Angriffsvektor der Zerspankraft vorliegt, ist eine Berechnung der Prozessstabilität im Frequenzbereich nicht zielführend. Die geringe Anzahl der Werkzeugschneiden sowie die komplexe Werkzeuggeometrie, wie zum Beispiel eine unregelmäßige Teilung eines Messerkopffräsers, erzeugen ein zeitvariantes Kraft-Verlagerungsverhalten, das in der Simulation explizit berücksichtigt werden muss. Ebenfalls können keine Zerspankraftverläufe für stabile und instabile Bearbeitungsprozesse mit Hilfe einer frequenzbasierten Simulation berechnet werden. Daher ist eine Transformation des Übertragungsverhaltens vom Frequenz- in den Zeitbereich notwendig.

Eine Transformation der Gleichung 5.1 in den Zeitbereich ermöglicht es, für jeden Schwingungsmode k die Verlagerung $x_{k,i}$ auf Grund der Kraft F_i für jeden Zeitschritt Δt der Simulationszeit t zu berechnen, Gleichung 5.2. Die Gesamtverlagerung in eine Richtung ergibt sich aus der Summation über k Modes.

$$x_{k,i+1} = \omega_{0k}^2 \Delta t^2 \left[S_k F_i - \left(1 + \frac{2D_k}{\omega_{0k}\Delta t} - \frac{2}{\omega_{0k}^2 \Delta t^2} \right) x_{k,i} - \left(\frac{1}{\omega_{0k}^2 \Delta t^2} - \frac{2D_k}{\omega_{ok}\Delta t} \right) x_{k,i-1} \right] \quad (5.2)$$

mit:
- $x_{k,i}$ Verlagerung durch den k-ten Mode zum i-ten Zeitschritt,
- ω_{0k} Eigenkreisfrequenz des k-ten Modes,
- D_k Dämpfungsmaß des k-ten Modes,
- S_k Realteil der modalen Nachgiebigkeit des k-ten Modes,
- F_i dynamische Kraft zum i-ten Zeitschritt,
- Δt Zeitintervall zwischen zwei Zeitschritten.

Gleichung 5.2 gilt unter der Annahme sehr kleiner und entsprechend vernachlässigbarer Imaginärteile der modalen Nachgiebigkeiten. Diese Annahme wird zum Beispiel von [ALTI00], [BEER95], [MERD04], [WECK06a] vertreten.

Wesentliche Aufgabe beim Fitting von Übertragungsfunktionen ist die Ermittlung geeigneter modaler Parameter für die analytische Beschreibung. Dies stellt ein Optimierungsproblem dar, das durch die Kombination eines iterativen Optimierungsalgorithmus mit einem heuristischen Modell bei geringen Rechenzeiten sicher gelöst werden kann. Für jeden einzelnen zu fittenden Mode werden mit Hilfe dieser Vorgehensweise die jeweiligen Parameter ermittelt. Als Optimierungsziel wird die minimale Abweichung der komplexen Verlagerung der gefitteten Übertragungsfunktion zur komplexen Verlagerung der Eingangsfunktion definiert. Bild 5.2 zeigt den Optimierungsablauf der Parameterermittlung.

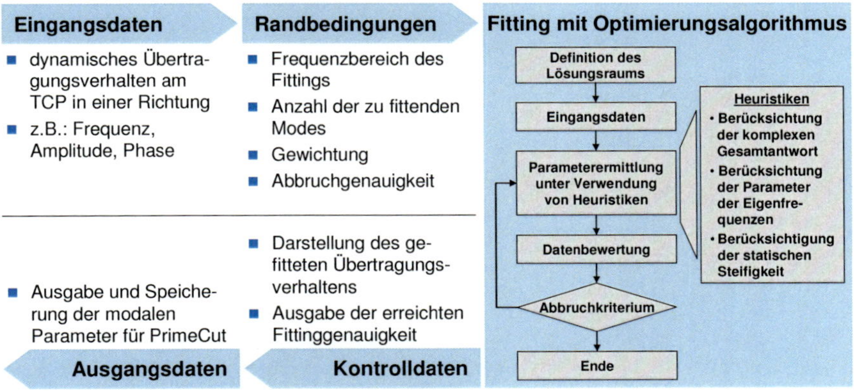

Bild 5.2: Vorgehen zur Ermittlung der modalen Parameter
Procedure for determining modal parameters

Um dieses Reduktionsverfahren für eine Vielzahl von FE-Systemen bereitzustellen, wurde die Software WinFit für das Fitting der Übertragungsfunktionen erarbeitet. Als Eingangsdaten können die gebräuchlichen Datenformate für Übertragungsfunktionen verwendet werden. Durch eine zusätzliche allgemeine Datenschnittstelle wird gewährleistet, dass auch weitere und zukünftige Datenformate verarbeitet werden können. Nach der Darstellung der Übertragungsfunktion erfolgt die Eingabe der Randbedingungen zum Fitting, wie beispielsweise das Abbruchkriterium und die Anzahl der zu ermittelnden Modes. Der Optimierungsalgorithmus ermittelt anschließend automatisch die optimalen modalen Parameter und stellt diese für die weitere Verwendung zur Verfügung.

Als Beispiel für die Reduktion eines FE-Modells sind in Bild 5.3 eine simulativ ermittelte Übertragungsfunktion und die dazu ermittelten modalen Parameter dargestellt. Es kann festgehalten werden, dass in diesem Beispiel das Übertragungsverhalten des gefitteten Modells mit dem des FE-Modells hinreichend genau übereinstimmt. Somit repräsentiert das gefittete Modell das dynamische Verhalten am TCP des FE-Modells und stellt daher eine geeignete Datengrundlage für die Stabilitätssimulation dar.

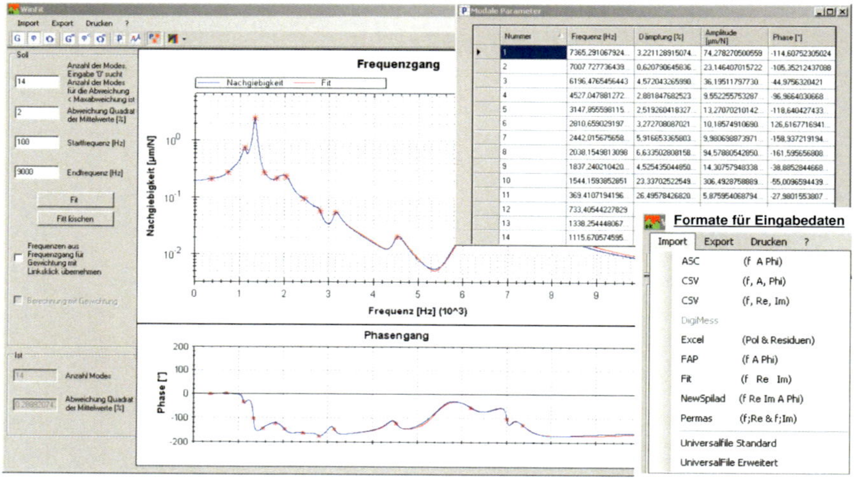

Bild 5.3: Beispiel für die modale Reduktion eines FE-Modells

Example for the modal reduction of a FE-model

Das Fitting eines Übertragungsverhaltens mit WinFit kann ebenfalls mit anderen Eingangsdaten erfolgen. Für weitere Eingangsdaten kann zusätzlich das durch eine messtechnische Erfassung an einem realen Maschinensystem ermittelte Übertragungsverhalten am TCP eingelesen werden. Beispielhaft dafür ist die Messung von Nachgiebigkeitsfrequenzgängen mit Hilfe eines Impulshammers oder eines hydraulischen Erregers. In der Software WinFit sind daher als weitere Formate für Eingangsdaten die in industriell gebräuchlichen Messsystemen verfügbaren Datenformate hinterlegt.

5.1.2 Simulationssoftware zur Bewertung von FE-Maschinenmodellen

Simulation software for the assessment of FE machine tool models

Um im FE-gestützten Entwicklungsprozess von Werkzeugmaschinen eine effiziente Nutzung der zuvor vorgestellten Einflussfaktoren, Modelle und Verfahren zur Berechnung von Zerspankräften und Stabilitätskarten nutzen zu können, müssen alle diese Aspekte in einer eigenständigen Stabilitätssoftware zusammengestellt werden. Mit Hilfe der Entwicklungsumgebung Visual Studio wurde daher die C++ basierte Stabilitätssoftware PrimeCut erarbeitet. Durch die direkte Nutzung der Programmiersprache C++ kann gegenüber einer beispielsweise MATLAB/Simulink-basierten Lösung eine sehr hohe Rechengeschwindigkeit erreicht werden. Eine zusätzliche Steigerung der Rechengeschwindigkeit wird erreicht, wenn die Berechnung der Grenzschnitttiefe mit Hilfe eines Multithreading-Ansatzes systematisch auf die maximal zur Verfügung stehenden Prozessoren in einem Rechner aufgeteilt wird. Bild 5.4 zeigt die erarbeitete Software PrimeCut mit der geöffneten Berechnungsoberfläche für die Fräsbearbeitung.

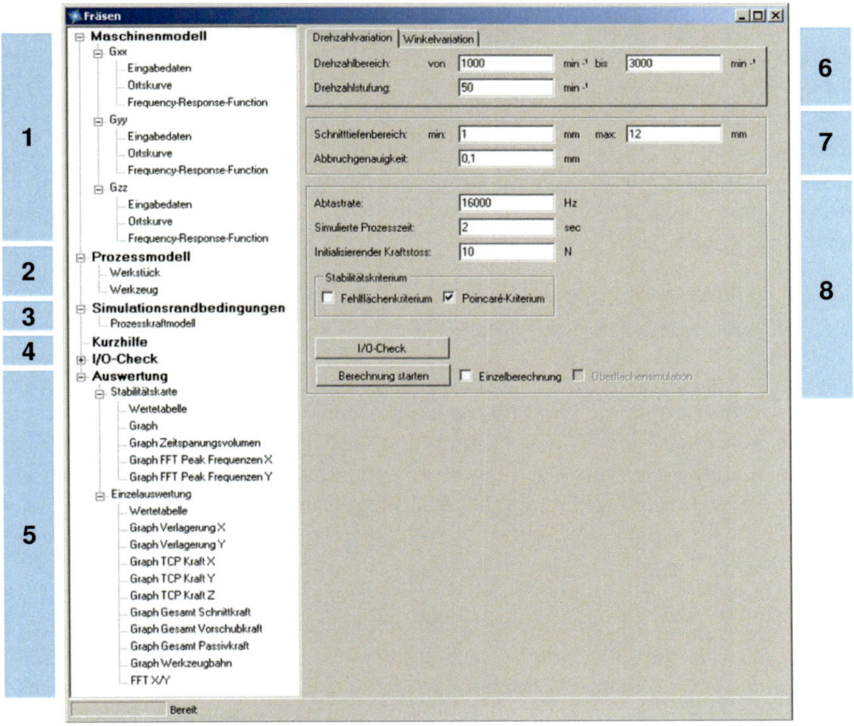

Bild 5.4: Stabilitätssoftware PrimeCut

Stability software PrimeCut

Die nummerierten Bereiche aus Bild 5.4 werden im Folgenden kurz erläutert:

1. Parametrierung des Maschinenmodells
2. Parametrierung des Prozessmodells
3. Parametrierung der Simulationsrandbedingungen
4. Kurzhilfe und Input/Output-Check
5. Auswertung für Stabilitätskarte und Einzelberechnung
6. Simulationsrandbedingungen / Drehzahlbereich der Stabilitätssimulation
7. Simulationsrandbedingungen / Schnitttiefenbereich der Stabilitätssimulation
8. Simulationsrandbedingungen / weitere Randbedingungen

Die grundsätzlichen Anforderungen für den Gebrauch der Software wie beispielsweise Datenhandling und anwenderfreundliche Bedienbarkeit sind bei der Implementierung ebenso berücksichtigt worden. Zusätzlich stehen verschiedene Möglichkeiten zur Auswertung der Simulationsläufe zur Verfügung.

Um die erarbeitete Software PrimeCut für eine Verwendung im FE-gestützten Entwicklungsprozess zu qualifizieren, muss die Qualität der Stabilitätssimulation hinsichtlich der berechneten Grenzschnitttiefe und Ratterfrequenz bei der Dreh- und Fräsbearbeitung sichergestellt werden. Dazu werden im Folgenden für die Dreh- und Fräsbearbeitung die simulierten Zerspankräfte mit gemessenen Zerspankräften abgeglichen. Für die weitere Verifikation der mit PrimeCut berechneten Stabilitätskarten wird zusätzlich je eine simulierte Stabilitätskarte mit der Stabilitätskarte eines realen Bearbeitungsprozesses verglichen.

5.1.3 Stabilitätssimulation für die Fräsbearbeitung

Stability simulation for milling processes

Die Verifikation der Software PrimeCut kann anhand von messtechnisch ermittelten Zerspankraftverläufen und Stabilitätskarten erfolgen. In Bild 5.5 sind zunächst die gemessenen und die berechneten Zerspankräfte für die Fräsbearbeitung mit einem 1-Zahn-Fräswerkzeug dargestellt. Die messtechnische Ermittlung der Zerspankräfte erfolgte auf dem Bearbeitungszentrum Heller H2000 mit Hilfe einer Kraftmessplattform. Die Übereinstimmung zwischen gemessenen und simulierten Zerspankraftverläufen für die X- und Y-Richtung ist sehr hoch. Sowohl der zeitliche Verlauf als auch die Amplituden der simulierten Zerspankräfte decken sich mit hoher Genauigkeit mit denen der gemessenen Zerspankräfte. Die im gemessenen Zerspankraftverlauf zu erkennenden Schwingungen in Z-Richtung mit einer Frequenz von ca. 1 kHz beruhen auf dem dynamischen Verhalten der Kraftmessplattform im Zusammenwirken mit den hohen Passivkräften des Rundplattenfräsers. Um das dynamische Verhalten der Zerspankräfte beim Materialeintritt und -austritt jedoch zeitrichtig und präzise erfassen zu können, ist es wichtig, die gemessenen Zerspankraftverläufe nicht mit Hilfe eines Messsignalfilters zu verfälschen. Es zeigt sich aber bei Betrachtung der

Zerspankräfte in Z-Richtung, dass auch die simulierten Zerspankräfte hinsichtlich Amplitude und zeitlichen Verlaufs im Vergleich mit den gemessenen eine hohe Abbildungsgenauigkeit besitzen.

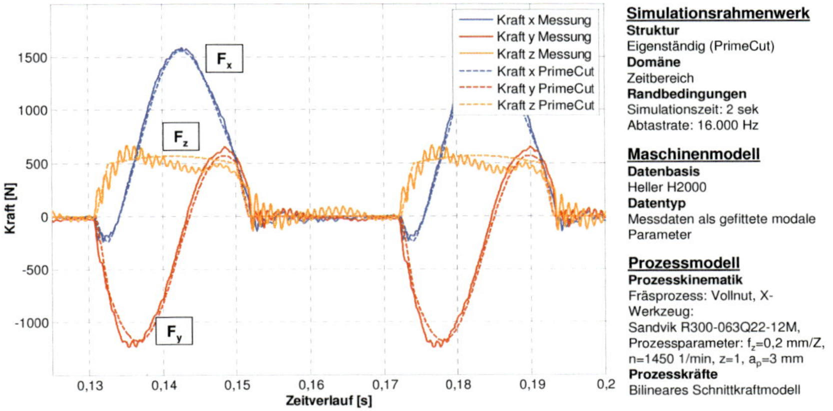

Bild 5.5: Berechnete und gemessene Zerspankräfte für ein Werkzeug mit einer Schneide
Simulated and measured cutting forces for a single insert tool

Bei dem Vergleich zwischen den gemessenen und simulierten Zerspankräften bei der Verwendung eines vollbesetzten Werkzeugs liegt ebenfalls eine hohe Übereinstimmung hinsichtlich zeitlichen Verlaufs und Zerspankraftamplituden vor. Bild 5.6 zeigt den Verlauf der Kräfte mit einem Werkzeug mit fünf Schneidplatten.

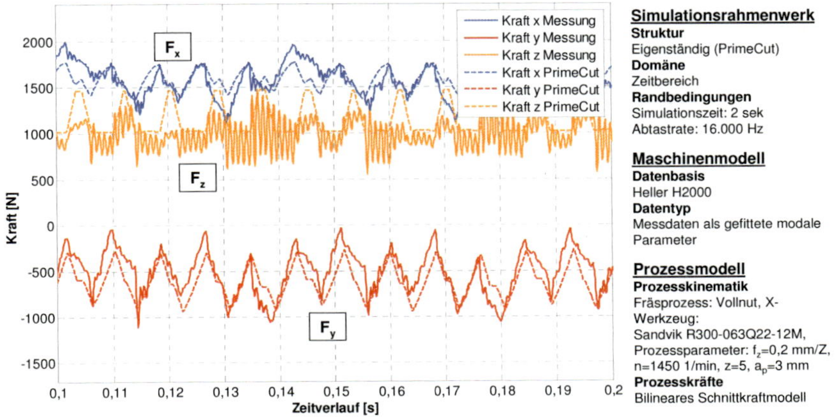

Bild 5.6: Berechnete und gemessene Zerspankräfte für ein Werkzeug mit fünf Schneiden
Simulated and measured cutting forces for a tool with five inserts

Bei einem Vollnutprozess mit einem fünfschneidigen Werkzeug wird der vorliegende wechselnde Werkzeugein- und austritt und der damit gegebene steigende und fallende Zerspankraftverlauf mit hoher Qualität in der X- und Y-Richtung wiedergegeben. Dies ist insbesondere für die Stabilitätssimulation von ausschlaggebender Bedeutung, da das zeitliche Verhalten der Zerspankräfte eine wesentlich größere Rolle für die Stabilitätskarte spielt als die maximalen Amplituden oder das statische Niveau der Zerspankräfte. Bei der Verifikation der Z-Richtung zeigt sich, dass aufgrund des dynamischen Verhaltens der Kraftmessplattform lediglich eine hohe Übereinstimmung des statischen, aber nicht des dynamischen Zerspankraftverhaltens erzielt werden kann.

Die jeweils simulierten Zerspankraftverläufe für eine instabile Bearbeitung sind für ein 1-Zahn- und ein vollbesetztes Werkzeug in Bild 5.7 zu erkennen. Durch das stark nichtlineare Verhalten bei einer instabilen Bearbeitung treten sowohl unregelmäßige als auch unterbrochene Zerspankraftverläufe mit hohen Amplituden auf. Es kann zudem festgestellt werden, dass der Zusammenbruch der Zerspankräfte, der durch das Austreten der Schneide aus dem Werkzeug bei hohen Schwingungsamplituden hervorgerufen wird, von der Simulationssoftware berücksichtigt wird. Somit ist eine Berechnung instabiler Bearbeitungsprozesse mit PrimeCut ebenfalls möglich. Der Vergleich mit gemessenen instabilen Zerspankraftverläufen ist an dieser Stelle nicht möglich, da bei einer Messung des strukturseitigen Ratterns einerseits keine Vergleichbarkeit mit dem gegebenen Verhalten des Einmassenschwingers vorliegt und andererseits die notwendige Zustellung von 15 mm für das 1-Zahn-Werkzeug mess- und prozesstechnisch nicht realisierbar ist.

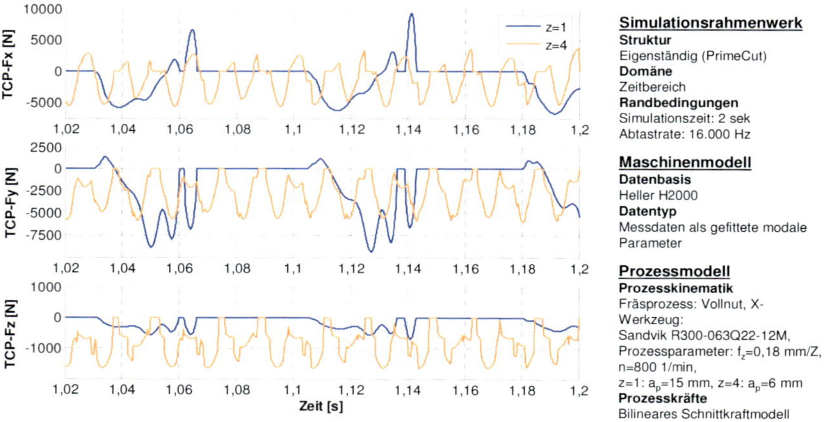

Bild 5.7: Simulierte Zerspankräfte für instabile Bearbeitungsprozesse

Simulated cutting forces of instable cutting process

Zur weiteren Verifikation der eigenständigen Stabilitätssimulation muss zusätzlich ein Vergleich zwischen simuliertem und messtechnisch ermitteltem Verlauf der Stabilitätsgrenze erfolgen. In Bild 5.8 ist beispielhaft ein solcher Vergleich dargestellt. Sowohl die Grenzschnitttiefen als auch die Ratterfrequenzen können mit der Software PrimeCut im Vergleich mit Ergebnissen einer messtechnisch ermittelten Stabilitätskarte mit einer hohen Genauigkeit berechnet werden. Zudem wird der Wechsel zwischen zwei dominanten Schwingungsmoden in den Simulationsergebnissen entsprechend berücksichtigt.

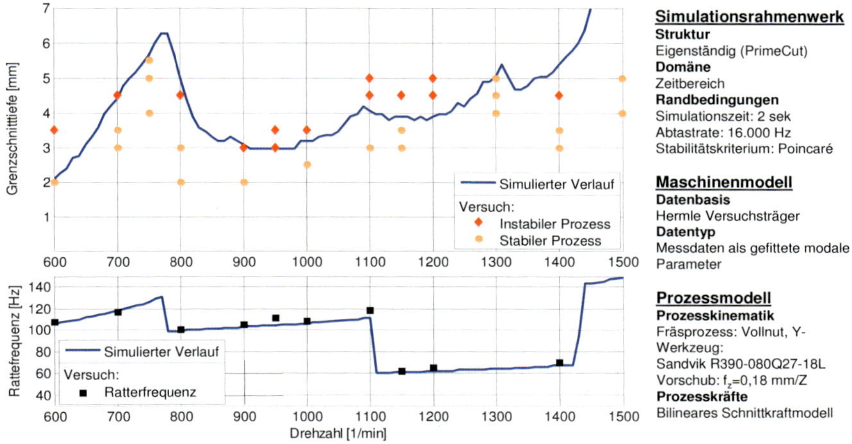

Bild 5.8: Simulierte und gemessene Stabilitätskarte für einen Fräsprozess
Simulated and measured stability chart of a milling process

Im Hinblick auf die berechneten Zerspankraftverläufe und Stabilitätskarten der dreiachsigen Fräsbearbeitung ist die eigenständige Stabilitätssoftware PrimeCut somit für eine Berechnung von Stabilitätskarten im FE-gestützten Entwicklungsprozess verwendbar.

5.1.4 Stabilitätssimulation für die Längsdrehbearbeitung

Stability simulation of longitudinal turning processes

Wie bei der Fräsbearbeitung können auch für die Längsdrehbearbeitung dynamische Zerspankräfte anhand eines gemessenen und in PrimeCut hinterlegten Maschinenverhaltens berechnet werden. Als Grundlage für die Verifikation wurde die Vertikaldrehmaschine INDEX V160C verwendet, die einen zusätzlichen Einmassenschwingerprüfstand im Kraftfluss besaß. Dieser Prüfstand dient bei diesen Versuchen lediglich zur flexiblen, aber klar definierten Einstellung einer dynamischen Schwachstelle, vgl. Bild 5.9. Der Prüfstand besteht aus einer Schwingungsmasse, auf der der Drehmeißel befestigt ist. Die Verbindung der Schwingungsmasse zum Maschinengestell erfolgt über zwei Federbleche sowie über Dämpfungselemente. Durch die Auslegung der Blechdicke und der Masse der Schwingungsmasse, kann die Eigenfrequenz des Prüfstands festgelegt werden. Zusätzlich geben die Federbleche durch ihr Strukturverhalten lediglich einen Freiheitsgrad für die Bewegung der Schwingungsmasse frei. Die Resonanzhöhe wird durch die Wahl der Dämpfungselemente festgelegt.

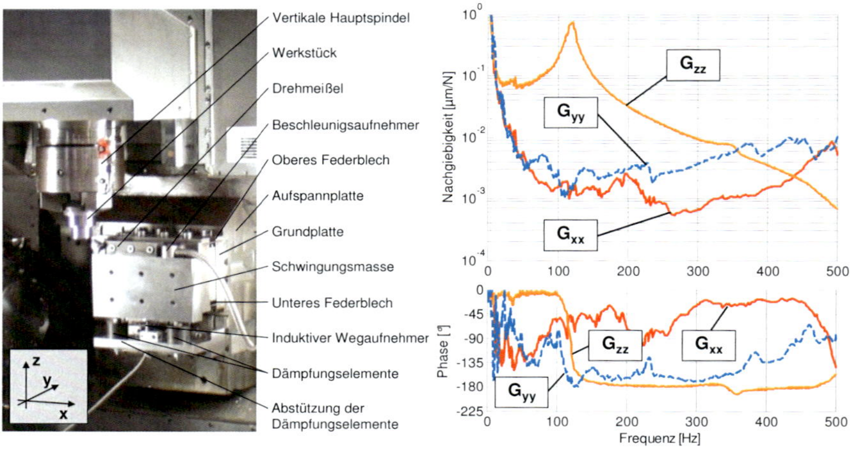

Bild 5.9: Vertikaldrehmaschine INDEX V160C mit integriertem Einmassenschwingerprüfstand

Vertical lathe INDEX V160C with integrated single mass oscillator test bench

Bild 5.10 zeigt den Verlauf der simulierten Zerspankräfte für eine stabile und eine instabile Bearbeitung. Bei der simulierten stabilen Bearbeitung ergibt sich durch den Initialimpuls beim Anschnitt des Materials eine Schwingung sowohl der Zerspankräfte als auch der TCP-Verlagerung. Nach diesem Einschwingvorgang stellt sich eine konstante Zerspankraft für alle drei Kraftanteile ein.

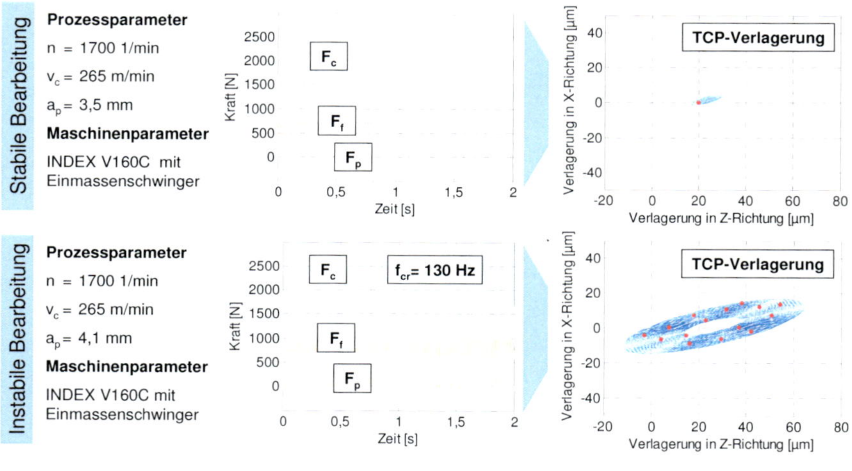

Bild 5.10: Zerspankräfte und TCP-Verlagerungen bei der stabilen und instabilen Längsdrehbearbeitung

Cutting forces and TCP-displacements of stable and instable longitudinal turning processes

Die simulierten Zerspankräfte stimmen anschließend in ihrem stationären Anteil mit den in Bild 4.13 dargestellten Zerspankraftkennfeldern überein. Demgegenüber schwingen bei einer instabilen Bearbeitung die Zerspankräfte und somit auch die Maschinenverlagerungen nach dem Einschnitt mit der dominanten Eigenfrequenz von 130 Hz. Zusätzlich ist in Bild 5.10 auf der rechten Seite für die beiden Prozesszustände jeweils die berechnete Verlagerung des TCP dargestellt. Bei einem stabilen Längsdrehprozess mit konstanten Zerspankräften bewegt sich der TCP auf einen konstanten Verlagerungswert in der X-Z-Ebene zu. Dagegen bewegt sich bei einer instabilen Bearbeitung der TCP auf einer in diesem Beispiel elliptischen Bahn. Die Bewegung auf dieser Bahn in Z-Richtung erfolgt mit einer Frequenz von 130 Hz.

Ebenfalls muss für die Längsdrehbearbeitung die Qualität der berechneten Stabilitätskarten verifiziert werden. In Bild 5.11 ist dazu ein Vergleich zwischen der Stabilitätskarte eines simulierten und eines experimentell untersuchten Längsdrehprozesses dargestellt. Dieser Vergleich zeigt bei niedrigen Drehzahlen leichte Unterschiede zwischen den beiden Verläufen der Grenzschnitttiefen, die sich durch das starke Unterschreiten des vorgegebenen Schnittgeschwindigkeitsbereichs der Schneidplatten ergeben haben. Es können jedoch die Stabilitätsmaxima und -minima im Verlauf der Grenzschnitttiefe erkannt werden. Des Weiteren zeigt sich in diesem Vergleich, dass die jeweils zugehörigen Ratterfrequenzen mit einer hohen Genauigkeit simuliert werden können.

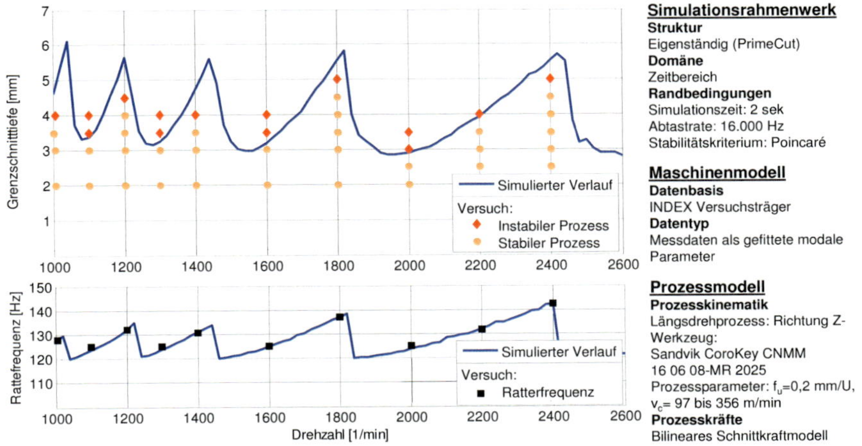

Bild 5.11: Simulierte und gemessene Stabilitätskarte für einen Längsdrehprozess
Simulated and measured stability chart of a longitudinal turning process

Da neben den Grenzschnitttiefen auch die Ratterfrequenzen mit einer hinreichenden Genauigkeit berechnet werden können, ist die Software PrimeCut für eine Verwendung zur Stabilitätssimulation im FE-gestützten Entwicklungsprozess bei der Drehbearbeitung geeignet.

5.2 FE-integrierte Stabilitätssimulation

FE-integrated stability simulation

Der zweite im Rahmen dieser Arbeit verwendete Simulationsansatz stellt die FE-integrierte Stabilitätssimulation dar, bei der die gesamten Methoden und Aspekte der Stabilitätssimulation in der FE-Software integriert sind. Dazu müssen die in Kapitel 4 vorgegebenen Randbedingungen zur Berechnung von Stabilitätskarten, wie Zerspankraftmodell, Referenzprozesse für die Dreh- und Fräsbearbeitung sowie die Stabilitätsauswertung, in einer FE-Software hinterlegt werden. Eine Übersicht für diese Vorgehensweise ist in Bild 5.12 dargestellt.

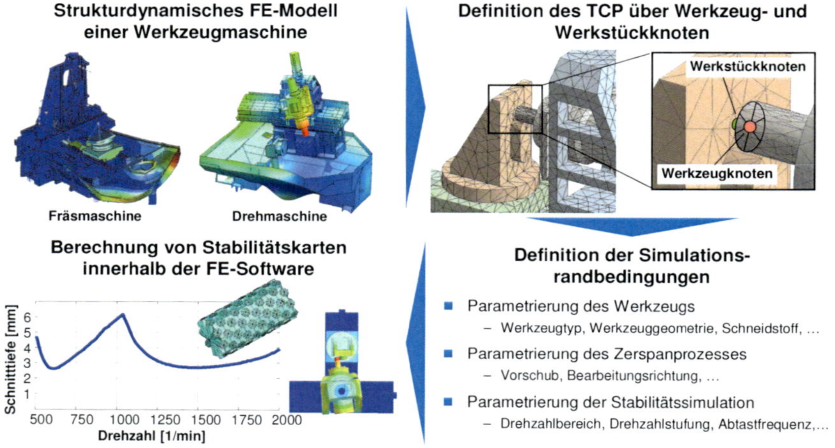

Bild 5.12: Berechnung von Stabilitätskarten mit der FE-integrierten Stabilitätssimulation
Calculation of stability charts with the FE-integrated stability simulation

Die Definition der Stabilitätssimulation und die Berechnung der Stabilitätskarten finden bei diesem Simulationsansatz innerhalb der FE-Software und ohne weitere Softwarehilfsmittel statt.

5.2.1 Integration der Stabilitätssimulation in die FEM

Integration of the stability simulation into the FEM

Wesentlich für eine Stabilitätssimulation innerhalb einer FE-Software sind die Ermittlung der relativen TCP-Bewegung zwischen Werkstück und Werkzeug, die Berücksichtigung der zuvor erzeugten TCP-Bewegung, die Berechnung der daraus resultierenden dynamischen Zerspankräfte sowie die Rückführung der Zerspankräfte auf Werkzeug und Werkstück. Dazu muss zunächst werkstück- und werkzeugseitig je ein FE-Knoten mit gleicher Ausrichtung der Koordinatensysteme definiert werden. Der Ort dieser beiden Knoten sollte möglichst identisch sein und den TCP des FE-Modells repräsentieren. Zwischen diesen beiden FE-Knoten wird einerseits die relative Verlagerung bei wirkenden Zerspankräften zu beliebigen Zeitpunkten ermittelt werden. Andererseits dienen diese Knoten für die Beaufschlagung des FE-Modells mit den auf den TCP projizierten Zerspankräften. Die Beschreibung der Vorschubrichtung und zusätzlich bei der Fräsbearbeitung der Werkzeugdrehrichtung wird ebenfalls über die Ausrichtung der Koordinatensysteme angegeben. Die Modellierung der Koordinatensysteme und die Verlagerungsmessung sind schematisch in Bild 5.13 dargestellt.

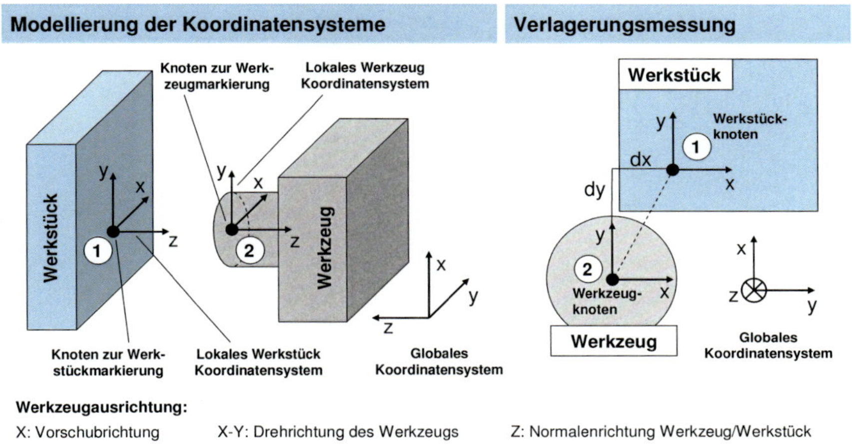

Bild 5.13: Modellierung der TCP-Verlagerungen im FE-System
Modelling TCP displacements in the FE-system

Bei der Längsdrehbearbeitung kann das Werkzeug bzw. der ortsfeste Drehmeißel mit Hilfe des FE-Modells abgebildet werden. Der jeweilige FE-Knoten zur Verlagerungsmessung und Krafteinleitung wird entsprechend direkt im FE-Modell spezifiziert. Demgegenüber ist die Abbildung des Werkzeugs bei der Fräsbearbeitung aufwändiger, da alle der in Kapitel 4 dargelegten Randbedingungen, wie Ungleichteilung und Helixwinkel, abgebildet werden müssen. Ein entsprechender Modellierungsansatz ist in Bild 5.14 dargestellt. Über einen Anbindungsknoten wird das Fräswerkzeug mit dem werkzeugseitigen TCP-Knoten verbunden. Die Werkzeuggeometrie wird mit masselosen Rigid-Elementen abgebildet, die sowohl Zähnezahl, Werkzeugdurchmesser, Winkelverteilung, Scheibenanzahl, Scheibendicke und Helixwinkel berücksichtigen. Im unteren Teil von Bild 5.14 sind beispielhaft zwei Werkzeuggeometrien abgebildet.

Die Berechnung der Zerspankräfte für die einzelnen Schneiden und die Transformation der Zerspankräfte auf das Koordinatensystem des TCP erfolgt mit den bereits in Kapitel 4 vorgestellten Methoden und Modellen. Die Zerspankraftkoeffizienten für die spezifischen Werkzeug/Werkstoff-Paarungen werden als Kennfelder hinterlegt. Die Auswahl der Koeffizienten erfolgt über Variablen bei der Definition des Werkzeugs.

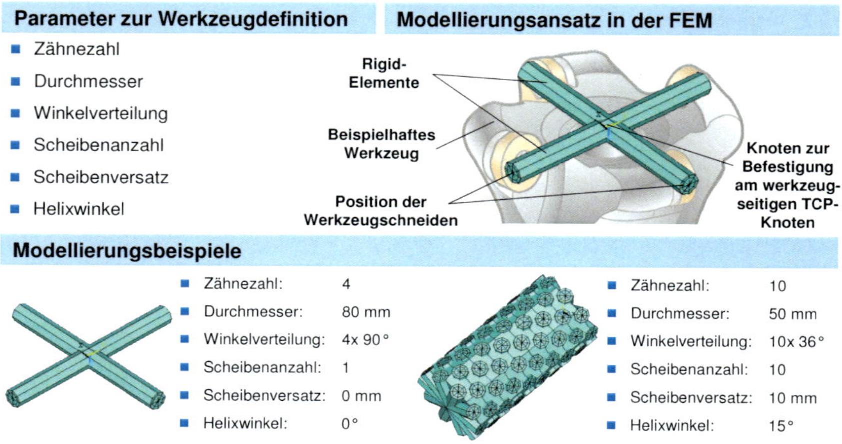

Bild 5.14: Modellierung der Fräswerkzeuge im FE-System
Modelling milling tools in the FE-system

Um die Stabilitätssimulation innerhalb der FE-Software nutzen zu können, müssen die Randbedingungen der Stabilitätssimulation in einer Parametrierungsdatei festgehalten werden. Dazu gehören der zu untersuchende Drehzahl- und Schnitttiefenbereich sowie die Abbruchgenauigkeit des Stabilitätskriteriums. Die Stabilitätssimulation und die damit verbundene transiente strukturmechanische Berechnung des FE-Modells werden über ein Skript gesteuert, vgl. Bild 5.15.

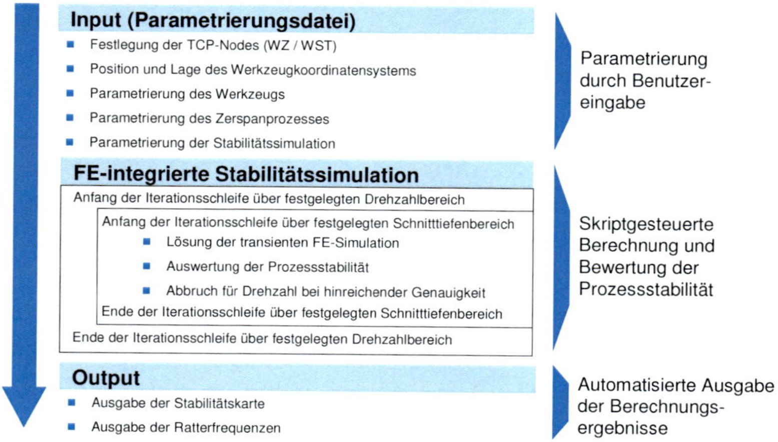

Bild 5.15: Aufbau des Simulationsskripts der FE-integrierten Stabilitätssimulation
Structure of the simulation script for the FE-integrated stability simulation

Für die Darstellung und Weiterverarbeitung der Berechnungsergebnisse sowie der Stabilitätskarte und der zugehörigen Ratterfrequenzen werden nach dem Simulationslauf entsprechende Graphiken und Dateien ausgegeben. Als Programmierumgebung für die FE-integrierte Stabilitätssimulation kann eine den Anforderungen entsprechende Programmier- bzw. Skriptsprache, wie beispielsweise die ANSYS interne Programmiersprache APDL (ANSYS Parametic Design Language), verwendet werden.

5.2.2 Stabilitätssimulation für die Fräsbearbeitung

Stability simulation for milling processes

Zur Sicherstellung der Vergleichbarkeit und Anwendbarkeit der FE-integrierten Stabilitätssimulation müssen, wie bei der eigenständigen Stabilitätssimulation mit PrimeCut, zunächst für eine stabile Zerspanung die berechneten mit gemessenen Zerspankräften verglichen werden. Während für die Verifikation der eigenständigen Software PrimeCut problemlos gemessene Nachgiebigkeitsfrequenzgänge eingelesen werden können, ist für die Verifikation der FE-integrierten Stabilitätssimulation die Verwendung von gemessenen Nachgiebigkeitsfrequenzgängen nicht möglich. Auch die Hinterlegung eines FE-Modells einer Maschine ist nicht zielführend, da im Gegensatz zu messtechnisch erfassten Daten mit der Güte und Komplexität des FE-Modells die Genauigkeit der Stabilitätssimulation direkt beeinflusst wird, vgl. Kap. 2.3.5. Vielmehr ist es hilfreich, ein nachvollziehbares und realitätsnahes hinterlegtes Modell eines dynamischen Maschinenverhaltens in der FE-Software zu verwenden, das keine Unsicherheiten über die Modellierung und das Strukturverhalten offen lässt. Dazu bietet es sich an, ein Modell eines beispielhaften Einmassenschwingerverhaltens für die Verifikation der FE-integrierte Stabilitätssimulation zu nutzen.

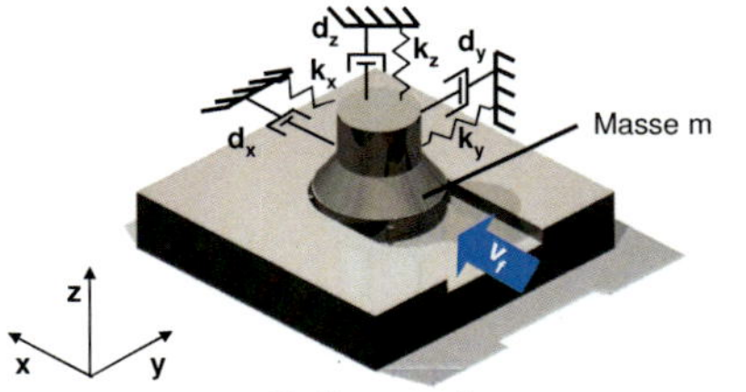

Strukturparameter

	m [kg]	k [N/m]	d [Ns/m]	f_0 [Hz]
G_{xx}	125	20.000.000	10.000	63,66
G_{yy}	50	23.000.000	10.000	107,94
G_{zz}	10	23.000.000	5.000	241,37

Modale Parameter

	D [%]	Amplitude [µm/N]	φ [°]	f [Hz]
G_{xx}	10	10	-90	63
G_{yy}	15	15	-90	108
G_{zz}	18	35	-90	241

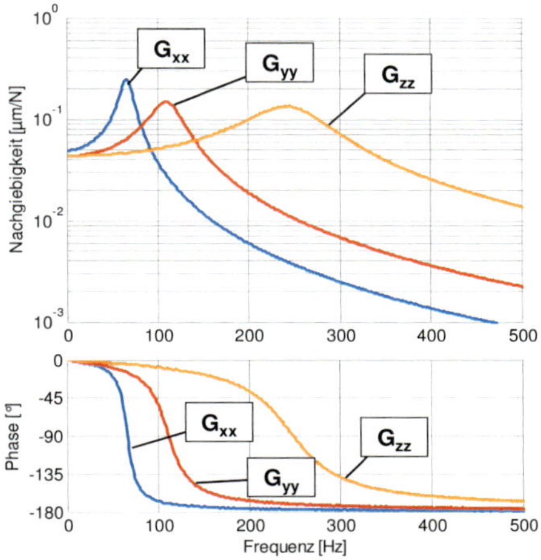

Bild 5.16: Einmassenschwinger-Maschinenmodell für die Fräsbearbeitung

Damped harmonic oscillator machine tool model for milling processes

In Bild 5.16 ist dazu der Frequenzgang eines Maschinenmodells einer Fräsmaschine abgebildet, dessen dynamisches Nachgiebigkeitsverhalten in jeder Raumrichtung vereinfacht durch einen Einmassenschwinger approximiert wird. Die Hauptraumrichtungen X, Y und Z besitzen ein voneinander unabhängiges dynamisches Verhalten mit maschinentypischen Eigenfrequenzen und Resonanzamplituden. Die dominante Eigenfrequenz dieses Modells liegt im Hinblick auf die späteren Simulationsläufe in X-Richtung bei einer Frequenz von 63 Hz. Mit den angegebenen Strukturparametern ist die Simulation von Zerspankraftverläufen und Stabilitätskarten innerhalb der FE-integrierten Stabilitätssimulation möglich.

In Bild 5.17 sind der simulierte und gemessene Verlauf der Zerspankräfte bei einer stabilen Bearbeitung mit einem 1-Zahn-Werkzeug dargestellt. Die in Bild 5.17 abgebildeten gemessenen Zerspankräfte wurden auf dem in Bild 4.2 beschriebenem Bearbeitungszentrum aufgenommen. Da sowohl das verwendete Bearbeitungszentrum als auch der parametrierte Einmassenschwinger ein ähnlich Steifigkeitsverhalten aufweisen und dynamischen Einflüsse bei diesem 1-Zahn-Fräsversuch vernachlässigt werden können, ist dieser Vergleich möglich. Es kann daher festgehalten werden, dass die FE-integrierte Stabilitätssimulation die Zerspankräfte für eine stabile Bearbeitung mit hoher Genauigkeit berechnen kann. Sowohl der Verlauf als auch die Amplitude stimmen mit den ermittelten Messwerten fast vollständig überein.

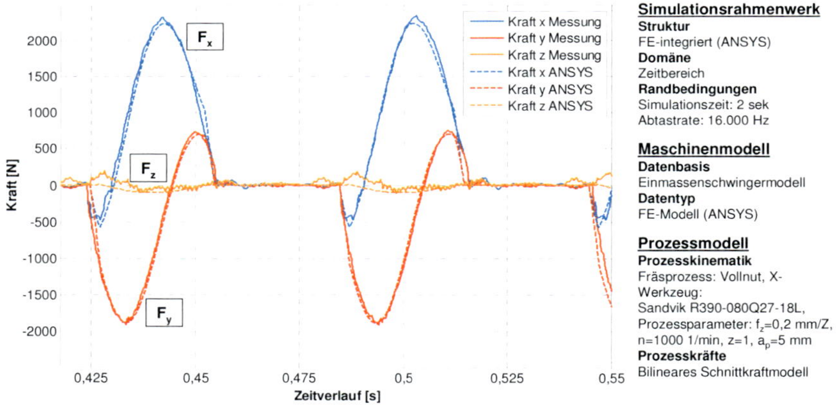

Bild 5.17: Simulierte und gemessene Zerspankräfte für ein Werkzeug mit einer Schneide
Simulated and measured cutting forces for a single insert tool

Auch bei der Bearbeitung mit einem vollbesetzten Werkzeug können der Verlauf und die Amplitude mit einer hinreichenden Übereinstimmung berechnet werden, Bild 5.18. Obwohl bei den Amplituden des Kraftverlaufs leichte Abweichungen festzustellen sind, wird sowohl das statische Niveau als auch der dynamische Verlauf der Zerspankräfte gut abgebildet. Zu berücksichtigen bei diesem Vergleich ist, dass insbesondere der zeitliche Zerspankraftanstieg und -abfall wesentlich für das angeregte Schwingungsverhalten des strukturmechanischen Systems sind und in dem dargestellten Zerspankraftverlauf mit hoher Genauigkeit wiedergegeben werden können.

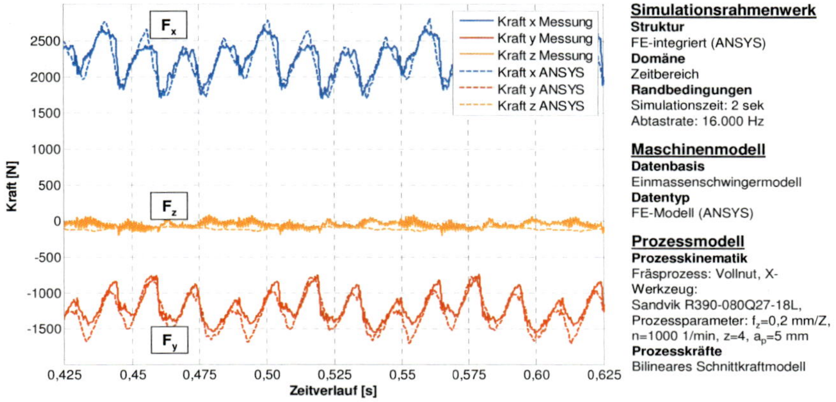

Bild 5.18: Berechnete und gemessene Zerspankräfte für ein Werkzeug mit vier Schneiden
Simulated and measured cutting forces for a tool with four inserts

Die für die Stabilitätssimulation relevanten Zerspankräfte bei einer instabilen Bearbeitung sind in Bild 5.19 dargestellt. In den Graphen können die komplexen und unterbrochenen Zerspankraftverläufe für ein 1-Zahn- als auch für ein vollbesetztes Werkzeug bei jeweils unterschiedlichen Schnitttiefen erkannt werden. Sowohl Amplitude, Zerspankraftdynamik und der Zusammenbruch der Kräfte bei einem Austritt aus dem Material können mit Hilfe der FE-integrierten Stabilitätssimulation berechnet werden.

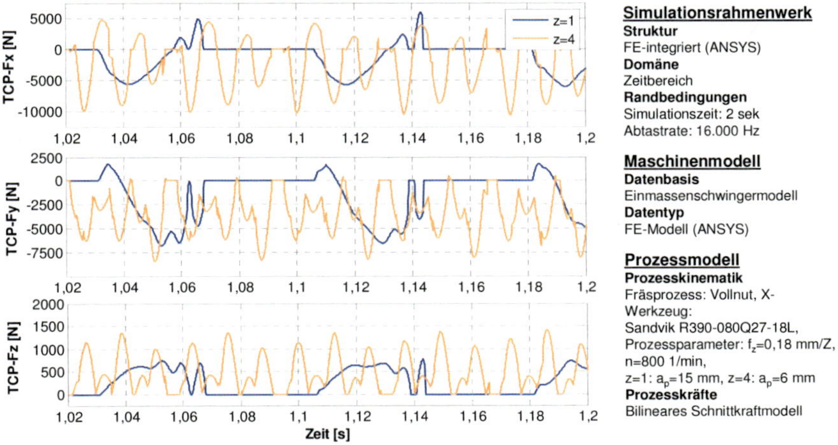

Bild 5.19: Simulierte Zerspankräfte für instabile Fräsprozesse
Simulated cutting forces of instable cutting process

Der Abgleich der FE-integrierten Stabilitätssimulation kann jedoch nicht nur anhand von berechneten Zerspankraftverläufen erfolgen. Vielmehr muss die Funktionsfähigkeit der FE-integrierten Stabilitätssimulation auch anhand der Berechnung von Stabilitätskarten und den zugehörigen Ratterfrequenzen getestet werden. In Bild 5.20 sind die berechneten Stabilitätskarten und die jeweils zugehörigen Ratterfrequenzen für eine unterschiedliche Anzahl von Werkzeugschneiden dargestellt. Es zeigen sich die typischen Verläufe der Stabilitätsgrenze und Ratterfrequenzen, die mit diesen Werkzeugen und dem gegebenen vereinfachten Maschinenverhalten berechnet werden können. Die Ratterfrequenzen stimmen mit der dominanten Ratterfrequenz von 64 Hz der X-Richtung überein.

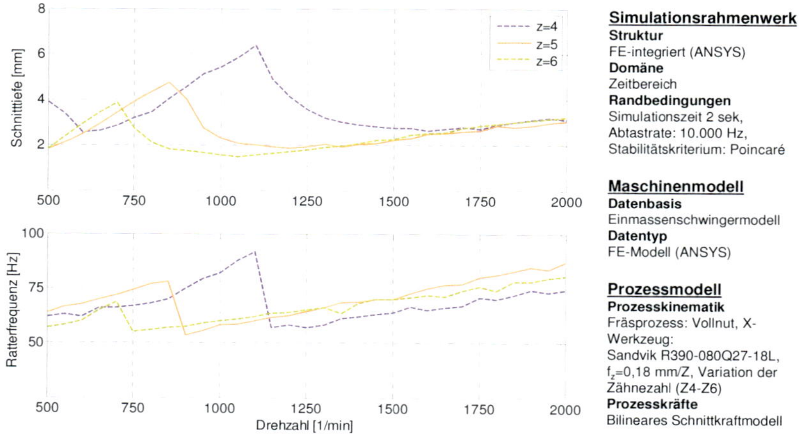

Bild 5.20: Stabilitätskarten und Ratterfrequenzen für unterschiedliche Schneidenzahlen
Stability chart and chatter frequencies for different number of cutting edges

Um den Einfluss unterschiedlicher Werkzeugschneiden untersuchen zu können, lassen sich Stabilitätskarten für zwei unterschiedliche Schneidplattentypen berechnen. Die für die Berechnung der Zerspankräfte notwendigen Koeffizienten bilden die Schneidplatten vom Sandvik R390-1806 08M-PM 4230 und Sandvik R300-1240M-MM 2030 bei der Zerspanung von C45N ab. Die mit diesen Wendschneidplatten berechneten Verläufe der Stabilitätsgrenzen sind für jeweils ein vier- und ein fünfschneidiges Werkzeug in Bild 5.21 dargestellt.

Wie in Bild 5.21 zu erkennen, wird der Einfluss der unterschiedlichen Schneidenanzahl und des unterschiedlichen Schneidplattentyps in der FE-integrierten Stabilitätssimulation berücksichtigt. Die jeweils unterschiedlichen Zerspankraftkoeffizienten der Schneidstoff-Werkstoff-Kombination führen, wie in diesem Simulationsbeispiel zu erkennen, zu unterschiedlichen Verläufen der Stabilitätsgrenze.

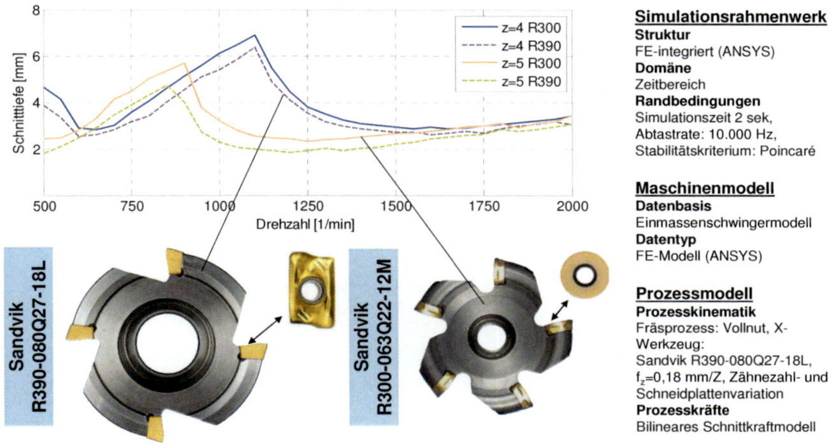

Bild 5.21: Simulierte Stabilitätskarten und Ratterfrequenzen für unterschiedliche Schneidenzahlen und -typen

Stability chart and chatter frequencies for different number of cutting edges and insert types

Obwohl die Zerspankräfte mit runden Schneiden (R300) eine andere Ausprägung als die Zerspankräfte mit rhombischen Schneiden (R390) besitzen, ist in diesem Beispiel nur ein geringer Unterschied zwischen den Stabilitätsverläufen erkennbar. Dies erklärt sich dadurch, dass das in diesem Beispiel vorgegebene dynamische Maschinenverhalten und die Zähnezahl des Werkzeugs einen wesentlich höheren Einfluss auf die Prozessstabilität besitzen als die Wahl der Schneidplatten. Anhand der beiden aufgeführten Beispiele ist somit die grundlegende Anwendbarkeit der FE-integrierten Stabilitätssimulation für die Berechnung von Stabilitätskarten bei der Fräsbearbeitung gegeben.

5.2.3 Stabilitätssimulation für die Längsdrehbearbeitung

Stability simulation for longitudinal turning processes

Der Aufbau der FE-integrierten Stabilitätssimulation kann auch für die Längsdrehbearbeitung genutzt werden. Dazu müssen das Modell der Prozesskinematik und die Berechnung bzw. auch die Aufteilung der Zerspankräfte entsprechend in der FE-Software hinterlegt werden. Die Knoten auf der Werkstück- und Werkzeugseite im FE-System müssen ebenfalls definiert und gleich ausgerichtet werden, vgl. Bild 5.22.

Um die FE-integrierte Stabilitätssimulation auch für die Längsdrehbearbeitung nutzen zu können, müssen wie bei der Fräsbearbeitung zunächst stabile und instabile Zerspankraftverläufe berechnet werden. Darauf folgend können die Stabilitätskarten für ein Einmassenschwingerverhalten berechnet werden.

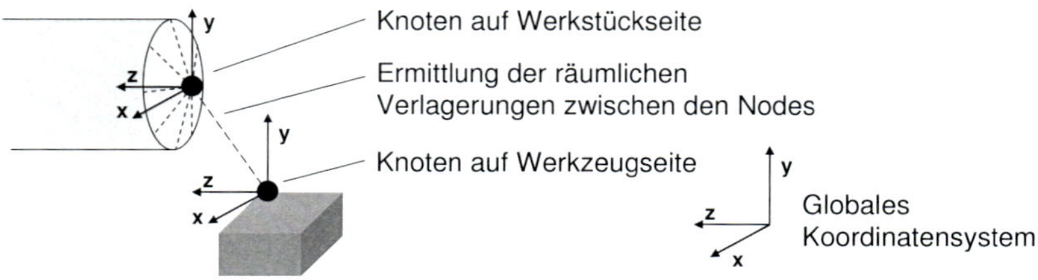

Bild 5.22: Aufbau der FE-integrierten Stabilitätssimulation für die Längsdrehbearbeitung
Structure of the FE-integrated of the stability simulation longitudinal turning

Wie bei der Verifikation der Fräsbearbeitung sind zunächst in Bild 5.23 die Nachgiebigkeitsfrequenzgänge eines Maschinenmodells einer Drehmaschine abgebildet, dessen dynamisches Nachgiebigkeitsverhalten in jeder Raumrichtung vereinfacht durch einen Einmassenschwinger approximiert wird. Die Hauptraumrichtungen X, Y und Z besitzen ein voneinander unabhängiges dynamisches Verhalten mit maschinentypischen Eigenfrequenzen. Zur Realisierung einer niedrigen Stabilitätsgrenze mit ausgeprägten Minima und Maxima ist es notwendig, die Resonanzüberhöhung im Nachgiebigkeitsfrequenzgang $G_{zz}(j\omega)$ sehr hoch anzusetzen und zusätzlich die Kreuznachgiebigkeit $G_{yz}(j\omega)$ hinzuzufügen. Dadurch wird im weiteren Verlauf bei einer Stabilitätssimulation eine niedrige und nachvollziehbare Stabilitätsgrenze für die Längsdrehbearbeitung ermöglicht.

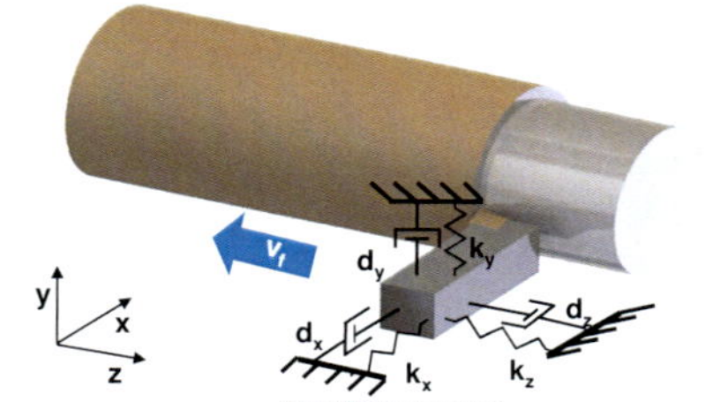

Strukturparameter

	m [kg]	k [N/m]	d [Ns/m]	f_0 [Hz]
G_{xx}	556	55.000.000	33.000	50,05
G_{yy}	382	72.000.000	27.000	70,04
G_{zz}	284	18.000.000	8.000	40,07
G_{yz}	662	42.000.000	42.000	40,07

Modale Parameter

	D [%]	Amplitude [µm/N]	φ [°]	f [Hz]
G_{xx}	10	3	-90	50
G_{yy}	8	3	-90	70
G_{zz}	3	7	-90	40
G_{yz}	10	3	-90	40

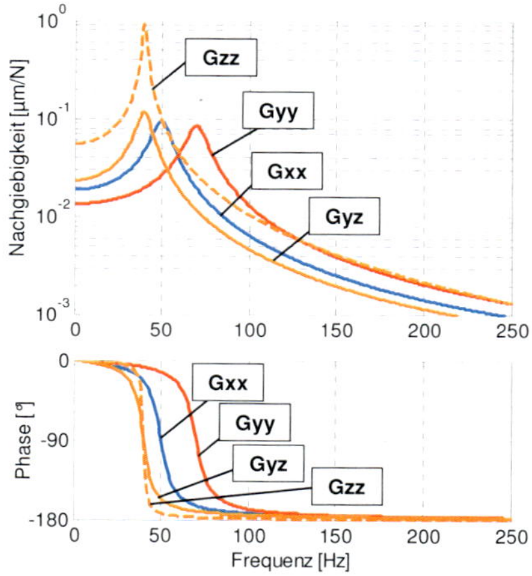

Bild 5.23: Einmassenschwinger-Maschinenmodell für die Drehbearbeitung
Damped harmonic oscillator machine tool model for turning processes

In Bild 5.24 sind die simulierten Zerspankraftverläufe für eine stabile und eine instabile Längsdrehbearbeitung dargestellt. Bei der stabilen Bearbeitung entsprechen die stationären Anteile der jeweiligen Zerspankräfte den messtechnisch erfassten Zerspankräften, die zuvor in Bild 4.13 mit Hilfe von Zerspankraftkennfeldern dargestellten wurden.

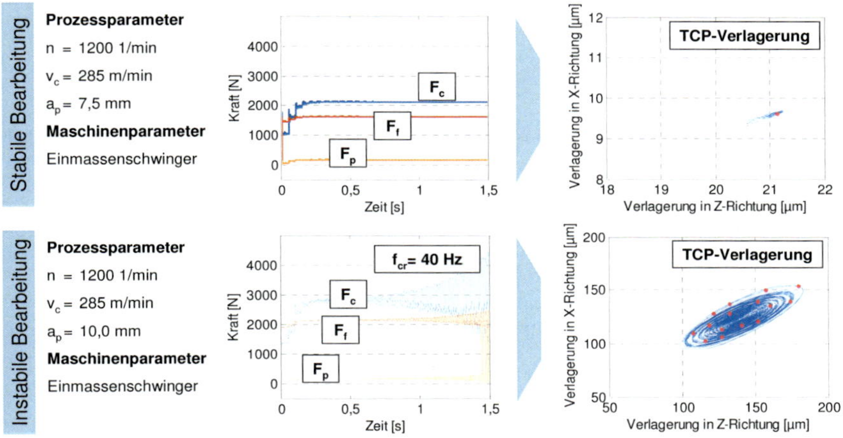

Bild 5.24: Simulierte Zerspankräfte und TCP-Verlagerungen für die Längsdrehbearbeitung
Simulated cutting forces and TCP-displacements for longitudinal turning

Während bei der Simulation einer stabilen Bearbeitung die Verlagerung des TCP auf einen konstanten Wert zuläuft, ist bei der Simulation von instabilen Bearbeitungsprozessen das typische Aufschwingen zu erkennen. Dieses erfolgt mit der kritischen Systemeigenfrequenz der Z-Richtung bei 40 Hz.

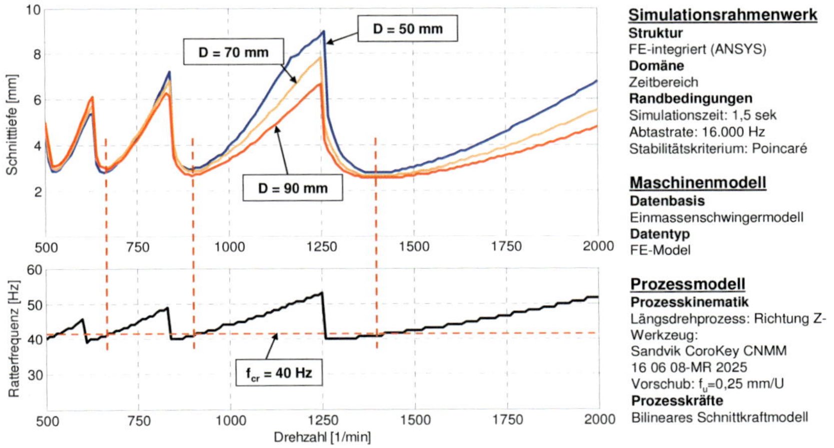

Bild 5.25: Simulierte Stabilitätskarte für ein Einmassenschwinger-Maschinenmodell
Stability chart of damped harmonic oscillator machine tool model

Ebenfalls ist die Berechnung einer Stabilitätskarte mit der FE-integrierten Stabilitätssimulation auf Basis des im Kapitel 5.1.4 verwendeten Maschinenmodells eines Einmassenschwingerverhaltens möglich. Die berechnete Stabilitätskarte für drei unterschiedliche Werkstückdurchmesser und die dazugehörigen Ratterfrequenzen sind in Bild 5.25 dargestellt.

Sowohl die Zerspankräfte als auch die Stabilitätskarten und die zugehörigen Ratterfrequenzen können für ein vereinfachtes Maschinenverhalten nachvollziehbar berechnet werden. Die ermittelte Ratterfrequenz entspricht dem hinterlegten dynamischen Maschinenverhalten der Z-Richtung.

Die Verwendung dieser Simulationsergebnisse in einer 3D-Zusammenstellung, in der sowohl die mit der eigenständigen als auch die mit der FE-integrierten Stabilitätssimulation berechneten Stabilitätskarten für unterschiedliche Werkstückdurchmesser enthalten sind, ist in Bild 5.26 gegeben. Der Verlauf der sich dadurch ergebenden 3D-Stabilitätskarte zeigt einerseits, dass über den Durchmesser eine gleichmäßige Berechnung von Stabilitätswerten möglich ist, und andererseits, dass die Abhängigkeit der Zerspankräfte von der Schnittgeschwindigkeit bei der Stabilitätsberechnung berücksichtigt wird. Insgesamt ist die Berechnung von Zerspankraftverläufen und Stabilitätskarten mit der FE-integrierten Stabilitätssimulation für die Längsdrehbearbeitung möglich.

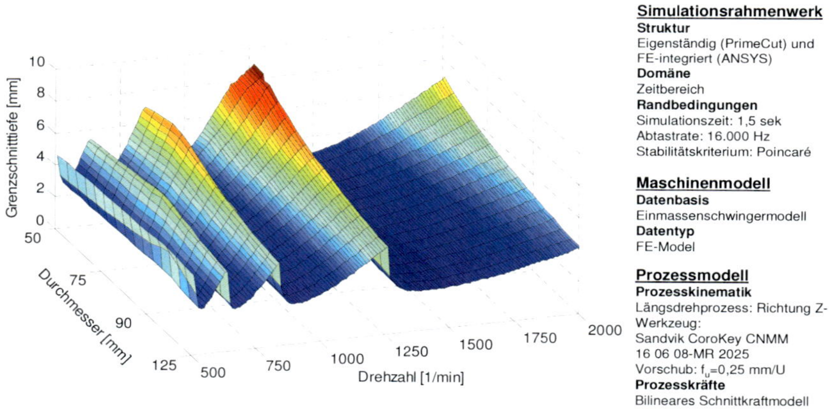

Bild 5.26: Zusammenstellung der Stabilitätskarten der eigenständigen und der FE-integrierten Stabilitätssimulation für die Längsdrehbearbeitung

Compilation of stability charts for the independent and the FE-integrated stability simulation for longitudinal turning

6 Untersuchung der Simulationsansätze

Appraisal of the simulation approaches

Nachdem im vorherigen Kapitel die beiden Simulationsansätze zur Berechnung von Stabilitätskarten vorgestellt und anhand von Stabilitätskarten und Zerspankraftverläufen verifiziert wurden, ist es notwendig, diese hinsichtlich verschiedener Einflussfaktoren detailliert zu untersuchen und anschließend an einem Maschinenbeispiel gegenüberzustellen. Auf Grundlage dieser Ergebnisse können anschließend die Anwendbarkeit und die Aussagefähigkeit der Simulationsansätze für den Entwicklungsprozess von Werkzeugmaschinen überprüft werden.

6.1 Untersuchung des Einflusses von Strukturparametern

Appraisal of the influence of structural parameters

Da mit den Simulationsansätzen Konstruktionsentwürfe bewertet und verglichen werden sollen, müssen die jeweiligen Unterschiede der Entwürfe entsprechend präzise bewertet werden. Unter Berücksichtigung, dass die beiden Simulationsansätze die gleichen Prozessmodelle und Simulationsrandbedingungen verwenden, ist es möglich, in den jeweiligen Simulationsansätzen gezielt die Abbildungsgenauigkeit für den Einfluss des strukturdynamischen Maschinenverhaltens zu untersuchen bzw. mit Hilfe der Stabilitätssimulation zu bewerten. Dazu gehören der Einfluss der Strukturparameter Masse, Dämpfung, Steifigkeit für ein Einmassenschwingerverhalten und die Identifikation stabilitätskritischer Eigenfrequenzen für ein Mehrmassenschwingerverhalten.

6.1.1 Einfluss der Strukturparameter eines Einmassenschwingers

Influence of the structural parameters of a damped harmonic oscillator

Für die Prozessstabilität ist das strukturdynamische Maschinenverhalten von wesentlicher Bedeutung. Die Eigenschaften des strukturdynamischen Maschinenverhaltens werden durch die Parameter Masse, Dämpfung und Steifigkeit festgelegt. Um den Einfluss und die Abbildungsgenauigkeit dieser Parameter in den Simulationsansätzen zu untersuchen, ist zunächst eine Variation dieser Parameter an einem beispielhaften Einmassenschwinger sinnvoll.

Variation der Masse

Die Masse eines Maschinensystems bzw. der Strukturbauteile wird durch die konstruktive Gestaltung und Wahl der Werkstoffe vorgegeben. Im Falle eines Einmassenschwingers wird durch die Vorgabe der Masse die Resonanzüberhöhung und Eigenfrequenz des Systems bestimmt. In Bild 6.1 ist das dynamische Verhalten des Einmassenschwingermodells mit drei unterschiedlichen Massen für die X-Richtung dargestellt.

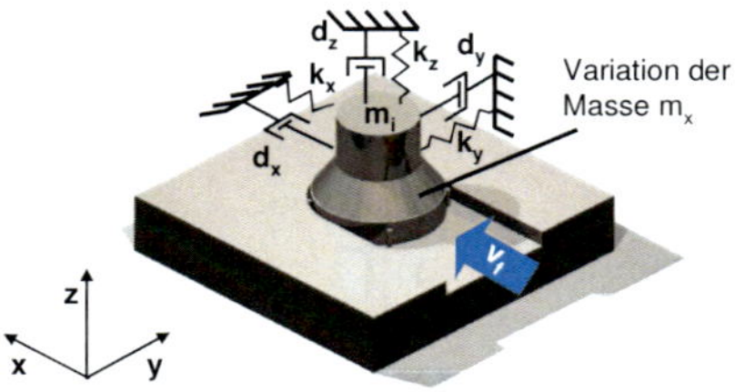

	m [kg]	k [N/m]	d [Ns/m]	f_0 [Hz]
FE-Strukturparameter für G_{xx}				
G_{xx1}	70	20.000.000	10.000	85,07
G_{xx2}	125	20.000.000	10.000	63,66
G_{xx3}	200	20.000.000	10.000	50,33

	D [%]	Amplitude [µm/N]	φ [°]	f [Hz]
Modale Parameter für G_{xx}				
G_{xx1}	13,37	13,49	-90	84,31
G_{xx2}	10	10	-90	63,66
G_{xx3}	7,91	7,94	-90	50,17

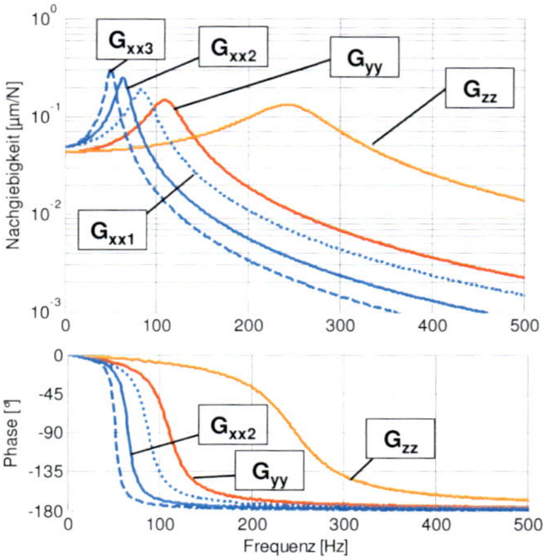

Bild 6.1: Einmassenschwingermodell mit unterschiedlicher Parametrierung der Masse
Damped harmonic oscillator model with different parameters of the mass

Der Einfluss einer höheren Masse und einer dadurch verringerten Eigenfrequenz auf das Stabilitätsverhalten veranschaulicht Bild 6.2. In den Diagrammen sind die mit der Software PrimeCut berechneten Stabilitätskarten und die dazugehörigen Ratterfrequenzen dargestellt.

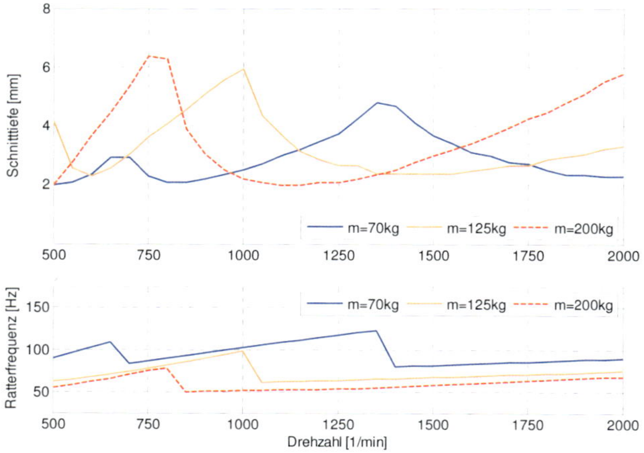

Simulationsrahmenwerk
Struktur
Eigenständig (PrimeCut)
Domäne
Zeitbereich
Randbedingungen
Simulationszeit: 2 sek
Abtastrate: 16.000 Hz
Stabilitätskriterium: Poincaré

Maschinenmodell
Datenbasis
Einmassenschwingermodell
Variation der Masse
Datentyp
Modale Parameter

Prozessmodell
Prozesskinematik
Fräsprozess: Vollnut, X-
Werkzeug:
Sandvik R390-080Q27-18L
Vorschub: f_z=0,18 mm/Z
Prozesskräfte
Bilineares Schnittkraftmodell

Bild 6.2: Simulierte Stabilitätskarten für die Variation der Masse
Simulated stability charts for the variation of mass

Es zeigt sich im Stabilitäts- und Ratterfrequenzverlauf, dass der Einfluss der Masse bei den Simulationen berücksichtigt wird. Neben der Ausprägung der Rattersäcke werden auch die für die jeweilige Parametrierung relevanten Ratterfrequenzen sicher bestimmt. Zudem kann festgestellt werden, dass die Masse in diesem Beispiel fast keinen Einfluss auf die minimal erreichbare Grenzschnitttiefe besitzt. Im Vergleich mit den Ergebnissen der FE-integrierten Stabilitätssimulation kann eine gute Übereinstimmung festgehalten werden, vgl. Bild 6.3. Die Abweichungen im Stabilitätsverlauf bezüglich Amplitude und Drehzahl in den Stabilitätsmaxima sind gering.

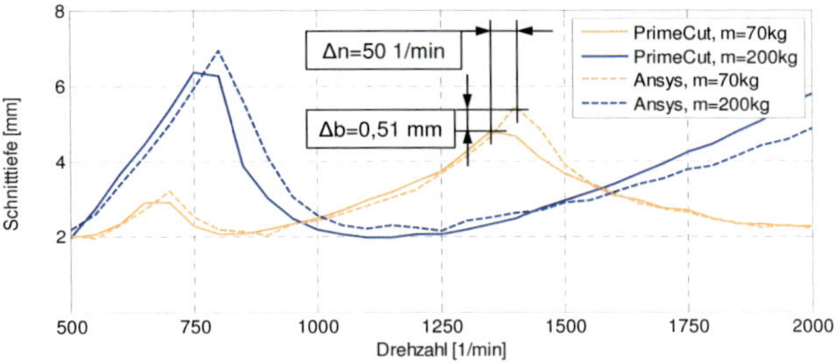

Simulationsrahmenwerk
Struktur
Eigenständig (PrimeCut) im Vergleich zu FE-integriert (Ansys)
Domäne
Zeitbereich
Randbedingungen
Simulationszeit: 2 sek
Abtastrate: 16.000 Hz
Stabilitätskriterium: Poincaré

Maschinenmodell
Wie in Bild 6.2

Prozessmodell
Wie in Bild 6.2

Bild 6.3: Vergleich der Simulationsergebnisse für die Variation der Masse
Comparison of simulation results for the variation of mass

Variation der Dämpfung

Die in einem Maschinensystem vorliegende Dämpfung wird durch eine Vielzahl von Einflussgrößen bestimmt. Neben der Werkstoffdämpfung treten Dämpfungseffekte beispielsweise in den Kontakt- und Koppelstellen auf. Im Hinblick auf einen Einmassenschwinger hat die Dämpfung einen wesentlichen Einfluss auf die Resonanzüberhöhung und nur einen geringen Einfluss auf die Eigenfrequenz. In Bild 6.4 ist das dynamische Verhalten eines Einmassenschwingers mit drei unterschiedlichen Dämpfungswerten für die Parametrierung der X-Richtung dargestellt.

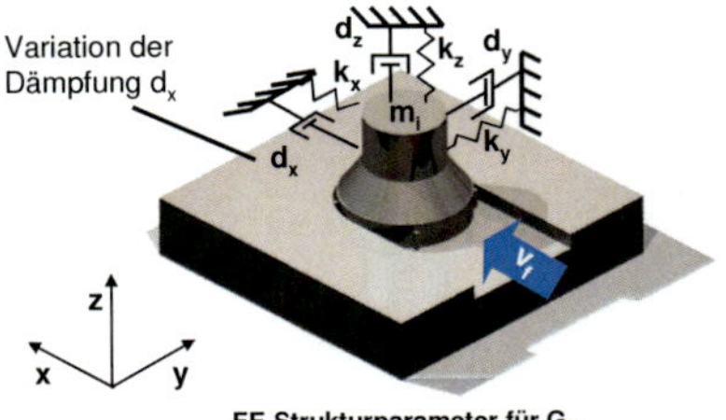

FE-Strukturparameter für G_{xx}

	m [kg]	k [N/m]	d [Ns/m]	f_0 [Hz]
G_{xx1}	125	20.000.000	5.000	63,58
G_{xx2}	125	20.000.000	10.000	63,66
G_{xx3}	125	20.000.000	20.000	62,37

Modale Parameter für G_{xx}

	D [%]	Amplitude [µm/N]	φ [°]	f [Hz]
G_{xx1}	5	9,99	-90	63,58
G_{xx2}	10	10	-90	63,66
G_{xx3}	20,01	10,21	-90	62,37

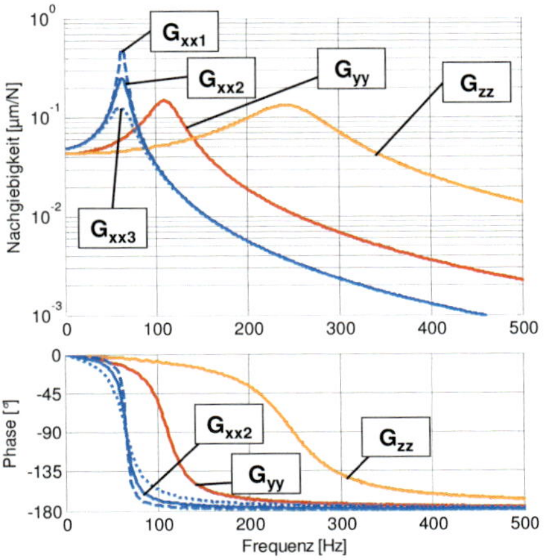

Bild 6.4: Einmassenschwingermodell mit unterschiedlicher Parametrierung der Dämpfung
Damped harmonic oscillator model with different parameters of the damping

Der Einfluss einer unterschiedlichen Dämpfung auf die Prozessstabilität ist in Bild 6.5 dargestellt. In den Diagrammen sind die mit der Software PrimeCut berechneten Stabilitätskarten und die dazugehörigen Ratterfrequenzen dargestellt.

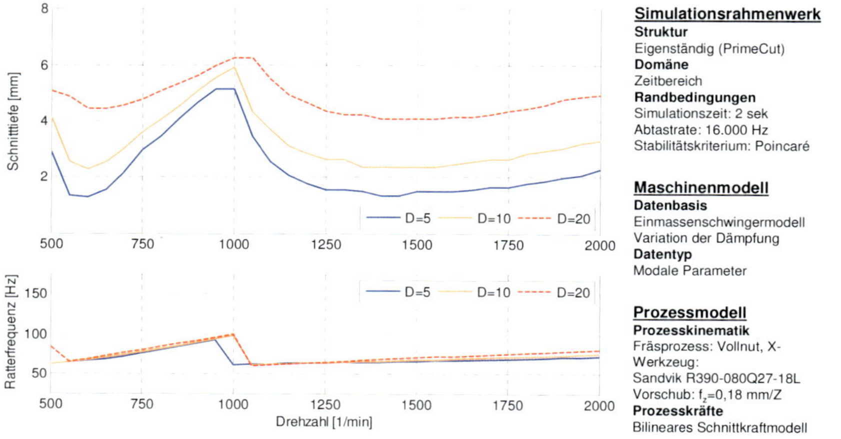

Bild 6.5: Simulierte Stabilitätskarten für die Variation der Dämpfungen
Simulated stability charts for the variation of damping

Es zeigt sich, dass bei einer steigenden Dämpfung die Prozessstabilität und damit die minimale Grenzschnitttiefe entsprechend steigen. Der Einfluss der Dämpfung auf die Ratterfrequenzen ist wie zuvor erwähnt weniger ausgeprägt.

Im Vergleich zwischen der eigenständigen Stabilitätssimulation PrimeCut und der FE-integrierten Stabilitätssimulation mit Ansys zeigen sich bei der Variation der Dämpfung nur geringe Unterschiede im Stabilitätsverlauf, Bild 6.6.

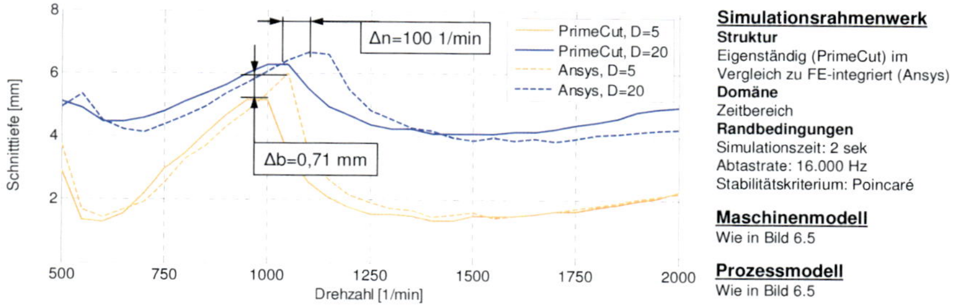

Bild 6.6: Vergleich der Simulationsergebnisse für die Variation der Dämpfungen
Comparison of simulation results for the variation of damping

In diesem Vergleich liegen in den Stabilitätsmaxima größere Abweichungen als bei der Variation der Masse vor. Trotzdem sind diese Abweichungen gering und ermöglichen die genaue Identifikation und Interpretation des Stabilitätsverlaufs.

Variation der Steifigkeit

Die Steifigkeit einer Werkzeugmaschine wird sowohl durch die Gestaltung der Strukturbauteile, die Wahl der Werkstoffe sowie die Wahl und Anordnung der Maschinenelemente bestimmt. Bezüglich eines Einmassenschwingers hat die Steifigkeit einen Einfluss auf statische Gesamtsteifigkeit, Resonanzüberhöhung und Eigenfrequenz. Zur Verdeutlichung sind in Bild 6.7 die Nachgiebigkeitsfrequenz- und Phasengänge für die Variation der Steifigkeit in X-Richtung des Einmassenschwingers dargestellt.

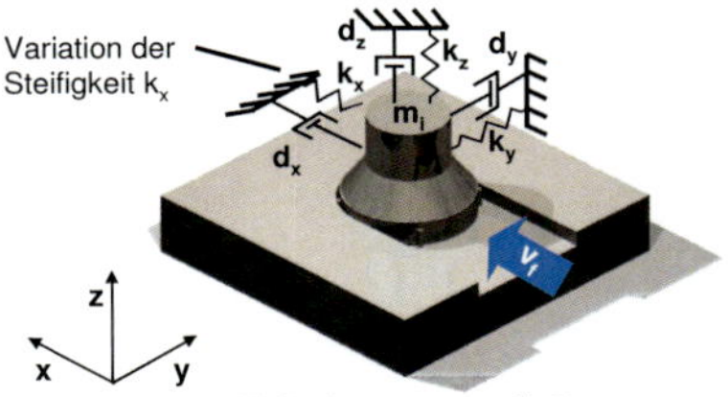

FE-Strukturparameter für G_{xx}

	m [kg]	k [N/m]	d [Ns/m]	f_0 [Hz]
G_{xx1}	125	10.000.000	10.000	45,02
G_{xx2}	125	20.000.000	10.000	63,66
G_{xx3}	125	40.000.000	10.000	90,03

Modale Parameter für G_{xx}

	D [%]	Amplitude [µm/N]	φ [°]	f [Hz]
G_{xx1}	14,16	14,28	-90	44,56
G_{xx2}	10	10	-90	63,66
G_{xx3}	7,07	7,09	-90	89,81

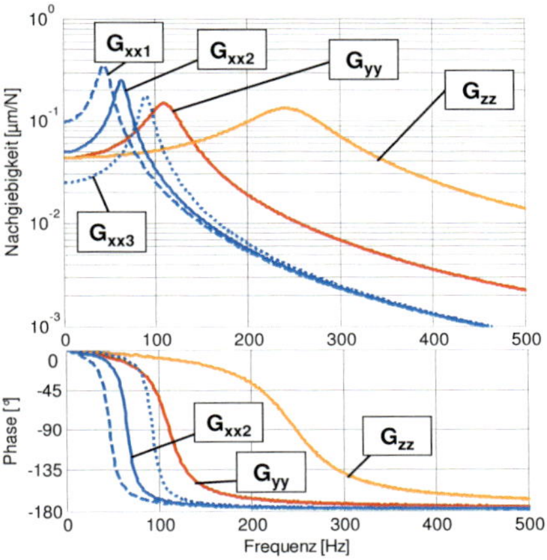

Bild 6.7: Einmassenschwingermodell mit unterschiedlicher Parametrierung der Steifigkeit

Damped harmonic oscillator model with different parameters of the stiffness

Die Berechnung der Stabilitätskarten mit der Software PrimeCut zeigt, dass der Einfluss der Steifigkeit entsprechend abgebildet werden kann, Bild 6.8.

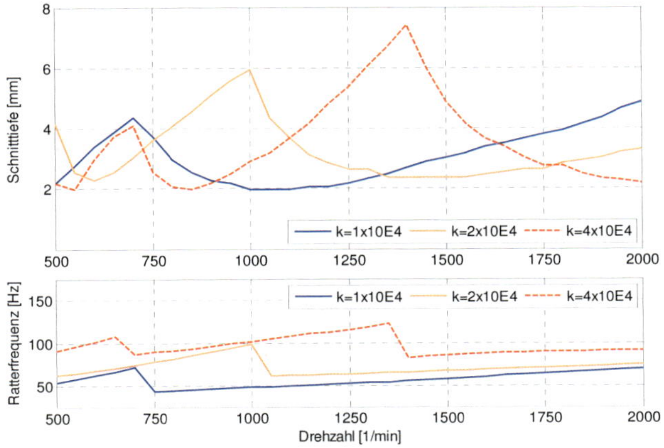

Simulationsrahmenwerk
Struktur
Eigenständig (PrimeCut)
Domäne
Zeitbereich
Randbedingungen
Simulationszeit: 2 sek
Abtastrate: 16.000 Hz
Stabilitätskriterium: Poincaré

Maschinenmodell
Datenbasis
Einmassenschwingermodell
Variation der Steifigkeit
Datentyp
Modale Parameter

Prozessmodell
Prozesskinematik
Fräsprozess: Vollnut, X-
Werkzeug:
Sandvik R390-080Q27-18L
Vorschub: f_z=0,18 mm/Z
Prozesskräfte
Bilineares Schnittkraftmodell

Bild 6.8: Simulierte Stabilitätskarten für die Variation der Steifigkeiten

Simulated stability charts for the variation of stiffness

Eine zunehmende Steifigkeit führt in dem betrachteten Drehzahlbereich der Stabilitätsverläufe zu einer Verschiebung der Stabilitätsmaxima zu höheren Drehzahlen. Die dazugehörigen Ratterfrequenzen werden entsprechend identifiziert und korrespondieren mit der jeweiligen Eigenfrequenz des parametrierten Einmassenschwingers.

Der Vergleich der eigenständigen Stabilitätssimulation mit PrimeCut mit der FE-integrierten Stabilitätssimulation mit Ansys zeigt, dass auch mit Ansys der Einfluss der Steifigkeit mit hinreichender Genauigkeit abgebildet werden kann, Bild 6.9.

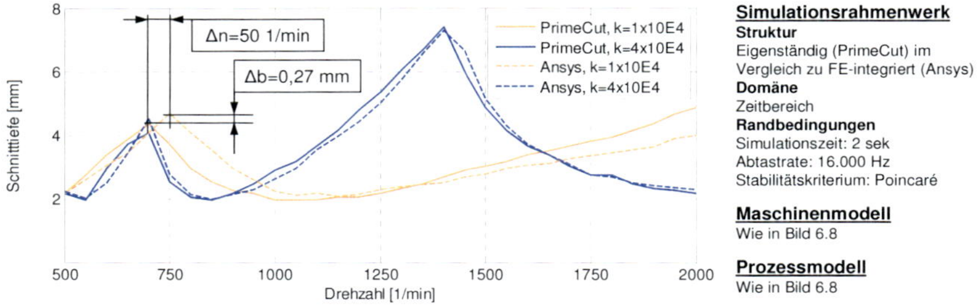

Bild 6.9: Vergleich der Simulationsergebnisse für die Variation der Steifigkeiten
Comparison of simulation results for the variation of stiffness

Insgesamt kann festgehalten werden, dass beide Simulationsansätze die korrekte Berücksichtigung und hinsichtlich der Prozessstabilität auch Bewertung strukturdynamischer Parameter eines Einmassenschwingerverhaltens ermöglichen.

6.1.2 Einfluss der Strukturparameter eines Zweimassenschwingers

Da schwingfähige Systeme wie Werkzeugmaschinen nicht nur aus einer einzelnen schwingenden Masse bestehen, sondern ein gekoppeltes und flexibles Mehrmassenschwingersystem darstellen, ist eine korrekte Berücksichtigung dieses komplexeren Verhaltens ebenfalls eine wesentliche Aufgabe der Stabilitätssimulation. Im Blickpunkt steht die Unterscheidung nahe aneinanderliegender, aber gleichwertig dominanter Eigenfrequenzen. Durch die korrekte Zuordnung der jeweiligen Ausprägungen in Stabilitätskarten und zugehörigen Ratterfrequenzen kann gezeigt werden, dass im FE-gestützten Entwicklungsprozess von Werkzeugmaschinen Schwachstellen im dynamischen Maschinenverhalten präzise identifiziert werden können.

Zur Untersuchung der beiden Simulationsansätze hinsichtlich dieser Analysegenauigkeit ist dazu die Erweiterung des einfachen Einmassenschwingersystems auf ein Zweimassenschwingersystem zielführend. Dazu wird in der dominanten X-Richtung ein zweites schwingfähiges System, ebenfalls bestehend aus Masse, Steifigkeit und Dämpfung, integriert, so dass der Nachgiebigkeitsfrequenzgang zwei Überhöhungen aufweist. Über die Parametrierung des zweiten Systems kann die Lage und Höhe der zweiten Resonanzüberhöhung entsprechend festgelegt werden, Bild 6.10.

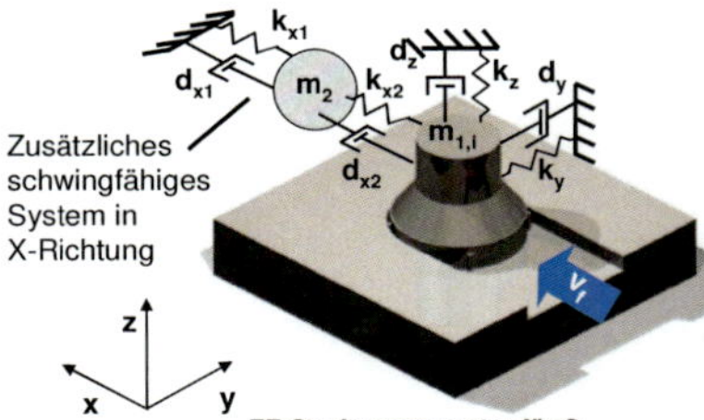

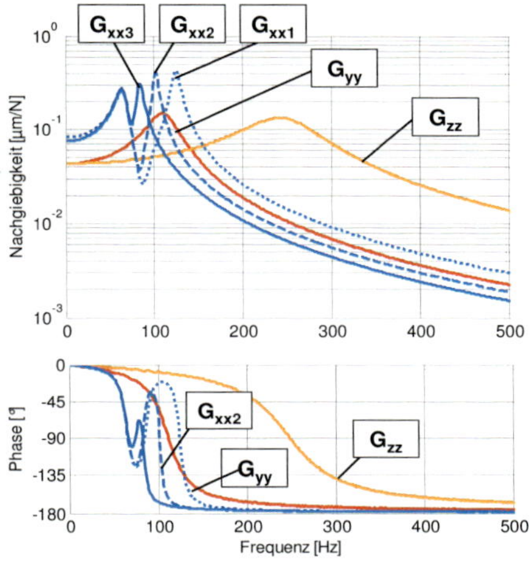

FE-Strukturparameter für G_{xx}

	m [kg]	k [N/m]	d [Ns/m]	f_0 [Hz]
m_1	125	20.000.000	10.000	63,66
$m_{2,1}$	50	30.000.000	3.000	123,28
$m_{2,2}$	100	40.000.000	4.000	100,66
$m_{2,3}$	150	40.000.000	7.000	82,19

Modale Parameter für G_{xx}

	D [%]	Amplitude [µm/N]	φ [°]	f [Hz]
m_1	10	10	-90	63,34
$m_{2,1}$	3,87	12,91	-90	123,19
$m_{2,2}$	3,16	7,90	-90	100,61
$m_{2,3}$	4,52	6,46	-90	82,10

Bild 6.10: Zweimassenschwingermodell mit drei unterschiedlichen Zusatzmassen
Two mass oscillator model with three different additional masses

Die Stabilitätssimulation mit der eigenständigen Software PrimeCut zeigt, dass die typischen Ausprägungen des Stabilitätsverlaufs für ein Zweimassenschwingersystem in der Stabilitätskarte und den Ratterfrequenzen abgebildet werden können, vgl. Bild 6.11.

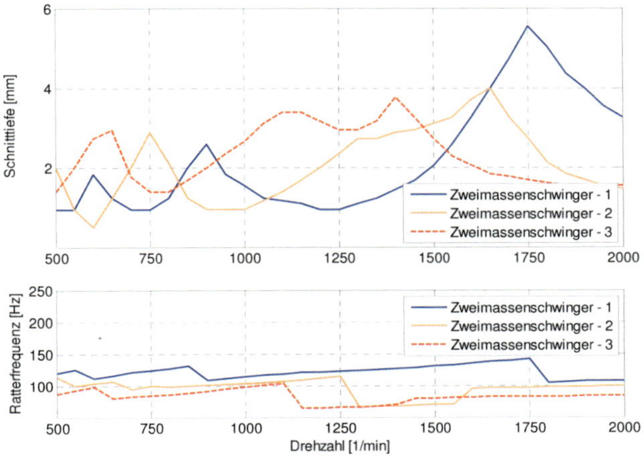

Simulationsrahmenwerk
Struktur
Eigenständig (PrimeCut)
Domäne
Zeitbereich
Randbedingungen
Simulationszeit: 2 sek
Abtastrate: 16.000 Hz
Stabilitätskriterium: Poincaré

Maschinenmodell
Datenbasis
Zweimassenschwingermodell mit Variation des zweiten Schwingers
Datentyp
Modale Parameter

Prozessmodell
Prozesskinematik
Fräsprozess: Vollnut, X-Werkzeug: Sandvik R390-080Q27-18L
Vorschub: f_z=0,18 mm/Z
Prozesskräfte
Bilineares Schnittkraftmodell

Bild 6.11: Simulierte Stabilitätskarten für die Variation des Zweimassenschwingers
Simulated stability charts for the variation of the two-mass oscillator model

Die Stabilitätskarte des Zweimassenschwingersystems (1) zeigt zunächst keine Beeinflussung von zwei unterschiedlichen Eigenfrequenzen und die dominante Ratterfrequenz liegt bei der durch das zusätzliche schwingende System vorgegebenen Eigenfrequenz von 123 Hz. Dies begründet sich dadurch, dass im betrachteten Drehzahlbereich die zweite Resonanzstelle bei 123 Hz die erste Resonanzstelle bei 63 Hz hinsichtlich des Stabilitätsverhaltens auf Grund der höheren Amplitude im Nachgiebigkeitsfrequenzgang noch wesentlich überlagert. Demgegenüber treten bei den Zweimassenschwingersystemen (2) und (3) die zwei vorgegebenen Resonanzstellen als für die Stabilitätskarte bestimmende Einflussgrößen auf. Dies zeigt sich auch in den Stabilitätskarten, die neben dem typischen Verlauf für einen Einmassenschwinger im Drehzahlbereich von 1100 min^{-1} bis 1400 min^{-1} bzw. von 1300 min^{-1} bis 1650 min^{-1} ein zusätzliches überlagertes Verhalten eines weiteren Einmassenschwingers aufweisen. Bei Betrachtung der Ratterfrequenzen kann dieses jeweils als die entsprechende erste Resonanzstelle bei 63 Hz identifiziert werden.

Für einen Vergleich der beiden Simulationsansätze werden die Stabilitätskarten der Zweimassenschwingersysteme (1) und (3) verwendet. Beide Simulationsmodelle zeigen einen fast identischen Verlauf der Stabilitätsgrenze und können bei System (1) die Dominanz der zweiten Resonanzstelle und bei System (3) den Einfluss zweier Resonanzstellen identifizieren, Bild 6.12. Die zu den Stabilitätsverläufen gehörenden jeweiligen Verläufe der Ratterfrequenzen entsprechen denen aus Bild 6.11.

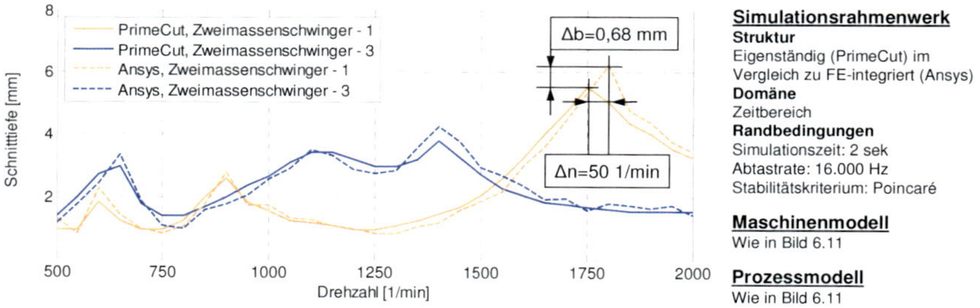

Bild 6.12: Vergleich der Simulationsergebnisse für die Variation des Zweimassenschwingers

Comparison of simulation results for the two mass oscillator models

6.1.3 Bewertung der Simulationsergebnisse

Die in Kapitel 6.1 vorgestellten Untersuchungen zum Einfluss strukturseitiger Parameter auf die Stabilitätskarten zeigen insgesamt, dass beide Simulationsansätze dazu befähigt sind, die jeweiligen Einflüsse mit einer ausreichenden Genauigkeit in den Stabilitätskarten abzubilden. Die Abweichungen beim Vergleich der Stabilitätsmaxima sind sowohl in Amplituden- als auch Drehzahlabweichung geringfügig. Im Hinblick auf den Entwicklungsprozess von Werkzeugmaschinen ist insgesamt mit beiden Simulationsansätzen die Berücksichtigung strukturmechanischer Einflüsse grundsätzlich möglich.

6.2 Untersuchung des Einflusses von Prozessparametern

Appraisal of the influence of machining parameters

Neben der Untersuchung strukturseitiger Einflüsse müssen auch prozessspezifische Einflüsse untersucht werden, die den Verlauf der Stabilitätsgrenze maßgeblich beeinflussen. Dazu gehören sowohl der Einfluss der Vorschubrichtung bei der Fräsbearbeitung als auch der Einfluss der Drehrichtung bei der Drehbearbeitung.

6.2.1 Einfluss der Vorschubrichtung bei der Fräsbearbeitung

Influence of the feed direction in milling

Die Angabe einer Vorschubrichtung für die Fräsbearbeitung ist in den beiden vorgestellten Simulationsansätzen möglich. Dadurch wird gewährleistet, dass auch unterschiedliche Vorschubrichtungen bei der Bewertung eines Maschinensystems berücksichtigt werden können. Dies ist notwendig, da je nach Orientierung der Vorschubrichtung unterschiedliche Eigenformen und deren Eigenfrequenzen eines Maschinensystems angeregt und zu instabilen Bearbeitungsprozessen führen können [WECK06a]. Eine Untersuchung, ob die Vorschubrichtung als Variable in den Simulationsansätzen korrekt abgebildet wird, erfolgt auf Basis des bereits vorgestellten Einmassenschwingermodells und einer entsprechenden Variation der Vorschubrichtung, vgl. Bild 6.13.

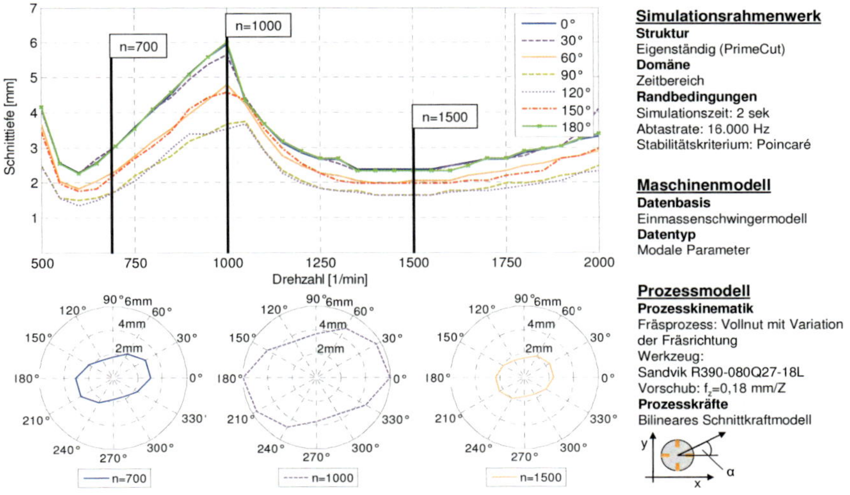

Bild 6.13: Einfluss der Fräsrichtung auf die Stabilitätskarte

Influence of the milling direction on the stability chart

Die dafür mit der Software PrimeCut berechneten Stabilitätskarten zeigen, dass die Vorschubrichtung einen Einfluss auf die Prozessstabilität besitzt. Eine Auswertung für bestimmte Drehzahlen als Polardiagramm zeigt zudem, dass sich die für einen

Einmassenschwinger typischen ellipsenförmigen Stabilitätsgrenzen ergeben [WECK06a]. Im Vergleich mit den Simulationsergebnissen der FE-integrierten Stabilitätssimulation zeigt sich, dass auch mit der FE-integrierten Stabilitätssimulation der Einfluss der Vorschubrichtung hinreichend genau abgebildet werden kann, Bild 6.14.

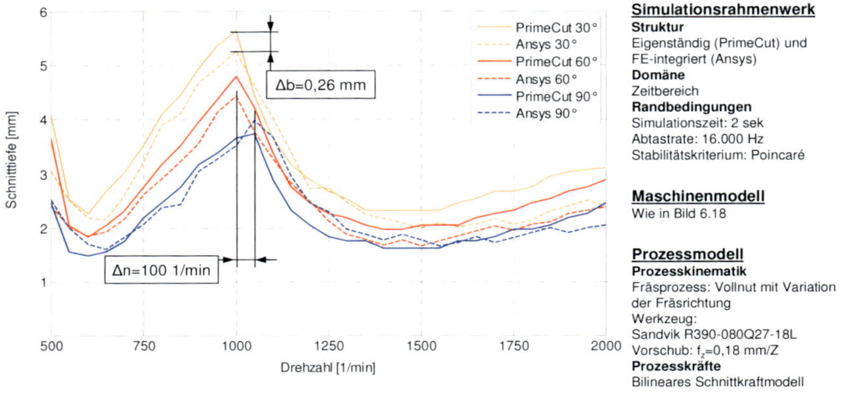

Bild 6.14: Vergleich der simulierten Stabilitätskarten für unterschiedliche Fräsrichtungen
Comparison of simulated stability charts for different milling directions

6.2.2 Einfluss der Drehrichtung bei der Längsdrehbearbeitung

Influence of the rotational direction in longitudinal turning

Bei der Simulation der Prozessstabilität der Längsdrehbearbeitung kann als Prozessparameter zwischen Links- und Rechtslauf des Werkstücks unterschieden werden. In der Praxis treten je nach Wahl der Drehrichtung große Unterschiede in der Prozessstabilität auf, die daher auch von den Simulationsmodellen abgebildet werden müssen [BREC11b]. Die Ursache für diese Abweichungen liegt in der jeweils unterschiedlichen Schnittkraftrichtung im Zusammenspiel mit der Verlagerungsrichtung der Kreuznachgiebigkeit $G_{yz}(j\omega)$.

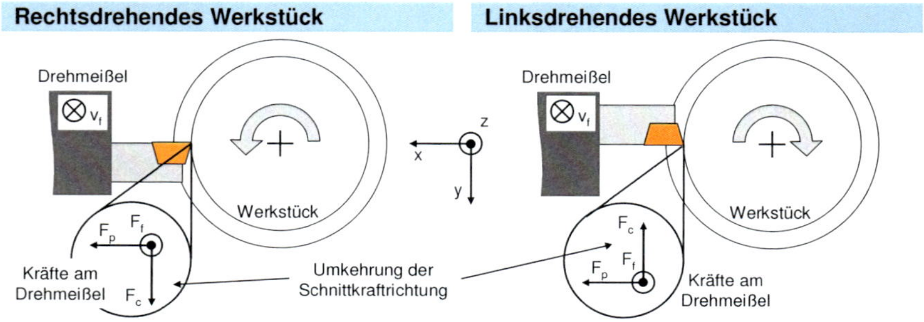

Bild 6.15: Einfluss der Drehrichtung bei der Längsdrehbearbeitung auf die Zerspankräfte
Influence of direction of rotation in longitudinal turning on the cutting forces

Bild 6.15 veranschaulicht zunächst schematisch die an der Drehmeißelschneide wirkenden Zerspankräfte und deren Raumrichtung bei einem links- und einem rechtsdrehenden Werkstück. Es kann festgehalten werden, dass bei unterschiedlichen Drehrichtungen zwar die Vorschub- und die Passivkraft in ihrer vektoriellen Ausrichtung gleich bleiben, aber bei der Schnittkraft ein Wechsel in die entgegengesetzte Richtung erfolgt.

Bei den direkten Nachgiebigkeiten, wie beispielsweise $G_{xx}(j\omega)$, kann im Allgemeinen davon ausgegangen werden, dass die Bewegungsrichtung der Verlagerung der Richtung der Kraft folgt. Dies bedeutet für $G_{xx}(j\omega)$, dass bei der Belastung des TCP einer Kraft in positiver X-Richtung eine Verlagerung in positiver X-Richtung folgt. Der Phasengang verläuft entsprechend im negativen Bereich von 0° bis -180°. Demgegenüber liegt bei den Kreuznachgiebigkeiten, wie beispielsweise für $G_{yz}(j\omega)$, ein von der konstruktiven Maschinengestaltung abhängiges Verlagerungsverhalten vor. Einer Kraft in positiver Y-Richtung kann sowohl eine Verlagerung in positiver als auch in negativer Z-Richtung folgen. Dementsprechend liegt der Phasengang entweder im Bereich von 0° bis 180° oder im Bereich 0° bis -180°. Bild 6.16 zeigt dazu beispielhaft zwei spiegelsymmetrische Strukturbauteile und die dazugehörigen Nachgiebigkeitsfrequenz- und Phasengänge $G_{yz}(j\omega)$.

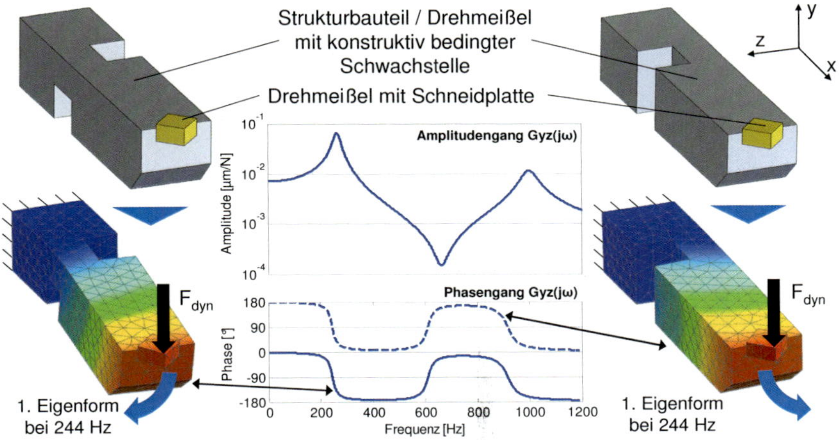

Bild 6.16: Auswirkung der Strukturgestaltung auf die Nachgiebigkeitsfrequenz- und Phasengänge

Impact of structural design on the compliance and phase transitions

Für die Längsdrehbearbeitung ist dieser Zusammenhang von entscheidender Bedeutung, da für die Prozessstabilität sowohl die Z-Richtung die relevante dynamische Spandickenänderungsrichtung ist als auch die Zerspankräfte in Y-Richtung allgemein sehr hoch sind. Je nach strukturdynamischem Verhalten $G_{yz}(j\omega)$ und Drehrichtung des Werkstücks ist somit eine Erhöhung oder eine Verringerung der dynamischen Verlagerungen in Z-Richtung möglich, Bild 6.17.

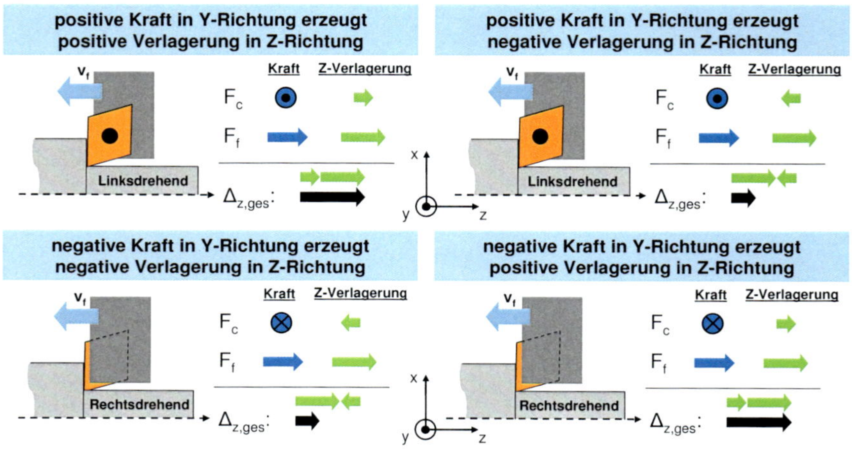

Bild 6.17: Einfluss des dynamischen Verhaltens $G_{yz}(j\omega)$ und der Drehrichtung auf die Verlagerung in Z-Richtung

Influence of the dynamic behavior $G_{yz}(j\omega)$ and the rotational direction on the displacement in Z-direction

Die Berücksichtigung dieses Effekts geschieht in der FE-integrierten Stabilitätssimulation lediglich über die Angabe der Drehrichtung. Die phasenrichtige Berücksichtigung der Kreuzfrequenzgänge erfolgt automatisch über das strukturdynamische Verhalten des FE-Modells. Demgegenüber müssen bei der eigenständigen Stabilitätssimulation mit gefitteten Modellen sowohl die Drehrichtung als auch die Phasenrichtung separat angegeben werden. Sollten zudem im Kreuzfrequenzgang $G_{xz}(j\omega)$ eine niedrige statische Steifigkeit und ausgeprägte dynamische Resonanzstellen vorliegen, so muss der Kreuzfrequenzgang $G_{xz}(j\omega)$ ebenfalls beim Fitting berücksichtigt werden. Bei der allgemeinen Längsdrehbearbeitung sind die Passivkräfte in X-Richtung jedoch um ein Vielfaches kleiner als die Schnittkräfte in Y-Richtung und haben somit nur einen untergeordneten Einfluss auf die Prozessstabilität.

Zur Untersuchung des Einflusses der Kreuznachgiebigkeit $G_{yz}(j\omega)$ auf die Prozessstabilität ist in Bild 6.18 eine entsprechende Parametervariation dargestellt. Für das bereits in Kapitel 5.1.4 vorgestellte Einmassenschwingermodell wird zusätzlich die Kreuznachgiebigkeit $G_{yz}(j\omega)$ sowohl für ein links- als auch rechtsdrehendes Werkstück in 15 Schritten gesteigert.

Mit den in Bild 6.18 dargestellten Stabilitätskarten kann die Auswirkung einer unterschiedlichen Drehrichtung auf die Stabilitätskarte verdeutlicht werden. Neben den Unterschieden im Betrag der minimalen und maximalen Grenzschnitttiefe ändert sich auch der Verlauf der Stabilitätskurve. Sowohl die Minima als auch die Maxima der berechneten Stabilitätskarte liegen bei unterschiedlichen Drehzahlen. Diese Ergebnisse unterstreichen die Bedeutung zur Berücksichtigung der Kreuzfrequenzgänge bei der Längsdrehbearbeitung. Der Vergleich der beiden Simulationsansätze hinsichtlich der Abbildungsgenauigkeit beim Längsdrehen ist auf Basis eines Einmassenschwingermodells möglich, da bei diesem in der FE-Software das Verhalten für $G_{yz}(j\omega)$ gezielt vorgegeben werden kann.

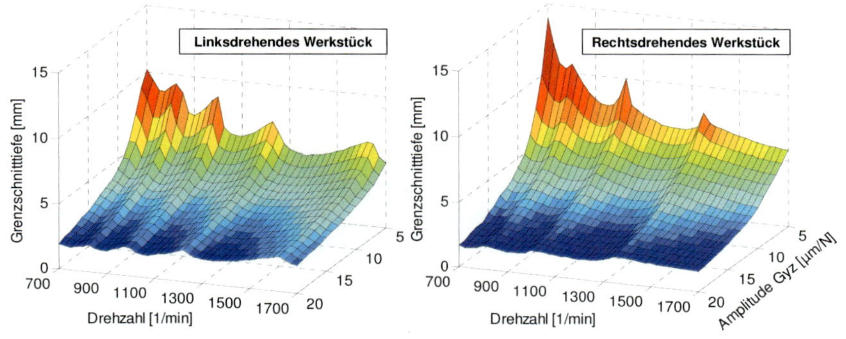

Parameter des Maschinenverhaltens

Richtung	Frequenz [Hz]	Dämpfung [%]	Amplitude [µm/N]	Phase [°]
Gxx	120	5	5	-90
Gyy	100	5	5	-90
Gzz	75	15	10	-90
Gyz	75	12	Variation (5 – 20)	-90

Parameter des Längsdrehprozesses

Werkstoff	C45N	Durchmesser	100mm
Werkzeug	Sandvik CoroKey CNMM 16 06 08-MR 2025		
Abtastrate	8000 Hz	Simulationszeit	2 sek
Stabilitätskriterium	Poincaré		

Bild 6.18: Einfluss des Verhaltens $G_{yz}(j\omega)$ und der Drehrichtung auf die Stabilitätskarte

Influence of the behavior $G_{yz}(j\omega)$ and the rotational direction on the stability chart

Bild 6.19 zeigt dazu die mit den beiden Simulationsansätzen berechneten Stabilitätskarten für unterschiedliche dynamische Amplituden des Frequenzgangs $G_{yz}(j\omega)$. Obwohl beim Vergleich der simulierten Stabilitätskarten leichte Unterschiede auffallen, so kann jedoch festgehalten werden, dass beide Simulationsansätze die Stabilitätsgrenze hinreichend genau berechnen können.

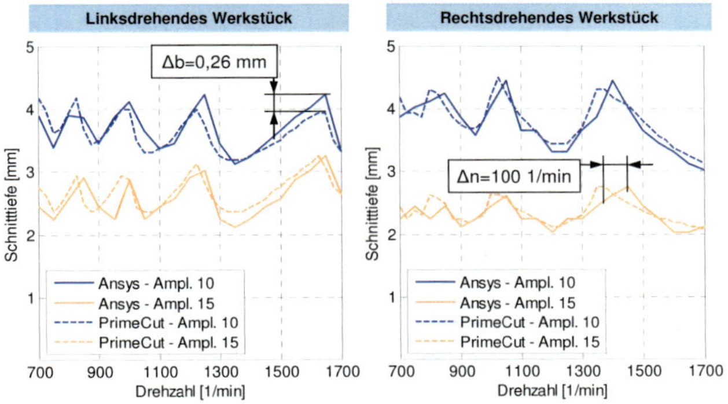

Simulationsrahmenwerk

Struktur
Eigenständig (PrimeCut) im Vergleich zu FE-integriert (Ansys)

Domäne
Zeitbereich

Randbedingungen
Simulationszeit: 2 sek
Abtastrate: 16.000 Hz
Stabilitätskriterium: Poincaré

Maschinenmodell
Wie in Bild 6.16

Prozessmodell
Wie in Bild 6.16

Bild 6.19: Vergleich der Simulationsansätze hinsichtlich der Berücksichtigung der Drehrichtung beim Längsdrehen

Comparison of simulation approaches in regard to the consideration of the rotational direction in longitudinal turning

Die Werkzeugdrehrichtung bei der Fräsbearbeitung besitzt im Hinblick auf die Stabilitätssimulation keine abzubildende Relevanz. Einerseits stellen rechtsdrehende Fräswerkzeuge den marktüblichen Standard dar, während linksdrehende Werkzeuge nur als Sondermodelle erhältlich sind [SAND10]. Andererseits wird die bei der 3-achsigen Nutbearbeitung relevante Spandickenmodulation in der X-Y-Ebene weitaus mehr durch die dynamischen Verlagerungen der Hauptfrequenzgänge $G_{xx}(j\omega)$ und $G_{yy}(j\omega)$ als durch die Kreuzfrequenzgänge $G_{yx}(j\omega)$ und $G_{xy}(j\omega)$ bestimmt.

6.2.3 Bewertung der Simulationsergebnisse

Die beiden in Kapitel 6.2 diskutierten Untersuchungen zum Einfluss prozessspezifischer Parameter auf die Stabilitätskarten zeigen, dass mit beiden Simulationsansätzen eine entsprechende Berücksichtigung der jeweiligen Einflüsse in den simulierten Stabilitätskarten möglich ist. Ähnlich wie bei den strukturmechanischen Einflussparametern sind auch bei der Berücksichtigung prozessspezifischer Einflüsse die Abweichungen in den Stabilitätskarten zwischen den beiden Simulationsansätzen gering. Somit ist im Hinblick auf den Entwicklungsprozess von Werkzeugmaschinen mit beiden Simulationsansätzen die Berücksichtigung der vorgestellten prozessspezifischen Einflussgrößen in Stabilitätskarten möglich.

6.3 Gegenüberstellung berechneter Stabilitätskarten

Comparison of simulated stability charts

Im vorangegangenen Kapitel wurde das Potential zur Identifikation von Schwachstellen des strukturdynamischen Maschinenverhaltens am Beispiel eines Ein- und Zweimassenschwingers diskutiert. Eine direkte Anwendung der Simulationsansätze mit vollständigen FE-Maschinenmodelle ist jedoch nicht zielführend. Im Hinblick auf eine verlässliche Bewertung von Konstruktionsvarianten im Entwicklungsprozess von Werkzeugmaschinen stellen einerseits die hohe Elementanzahl typischer FE-Modelle und die daraus resultierende Komplexität ein weiteres zu untersuchendes Problemfeld dar. Andererseits kann auf Basis stark abstrahierter Ein- bzw. Zweimassenschwingermodelle eine Vorgehensweise zur Simulation von Stabilitätskarten nicht direkt abgeleitet werden. Daher ist es zunächst notwendig, anhand von vereinfachten Maschinenmodellen, die aus wenigen, aber repräsentativen Strukturbauteilen bestehen, die Simulationsansätze zu vergleichen und erst auf dieser zusätzlichen Basis eine Vorgehensweise abzuleiten. Zudem lag in Kapitel 6.1 der Fokus auf der Identifikation und Untersuchung strukturmechanischer, in Kapitel 6.2 auf der Identifikation und Untersuchung prozessspezifischer Einflüsse auf das Stabilitätsverhalten. Anhand der vereinfachten Maschinenmodelle wird daher der Einfluss prozessspezifischer Einflüsse wie Schneidentyp und Fräsrichtung näher untersucht. Im Folgenden werden für die Stabilitätssimulation der Fräs- und der Drehbearbeitung zwei Maschinenmodelle vorgestellt und hinsichtlich relevanter Eigenschaften bezüglich der Prozessstabilität diskutiert. Anschließend erfolgt die Bewertung der Simulationsansätze hinsichtlich Genauigkeit und Anwendbarkeit im Entwicklungsprozess.

6.3.1 Stabilitätssimulation einer vereinfachten Fräsmaschine

Stability simulation of a simplified milling machine

Das von beiden Simulationsansätzen genutzte FE-Modell für die Simulation von Stabilitätskarten bei der Fräsbearbeitung entspricht in seinem Aufbau einem dreiachsigen, horizontalen Bearbeitungszentrum in Kreuzbettbauweise, Bild 6.20. Das FE-Modell besteht aus insgesamt 22.300 Tetra10-Elementen, wobei die jeweiligen Strukturkomponenten mit insgesamt 12 Feder-Dämpfer-Elementen verbunden sind.

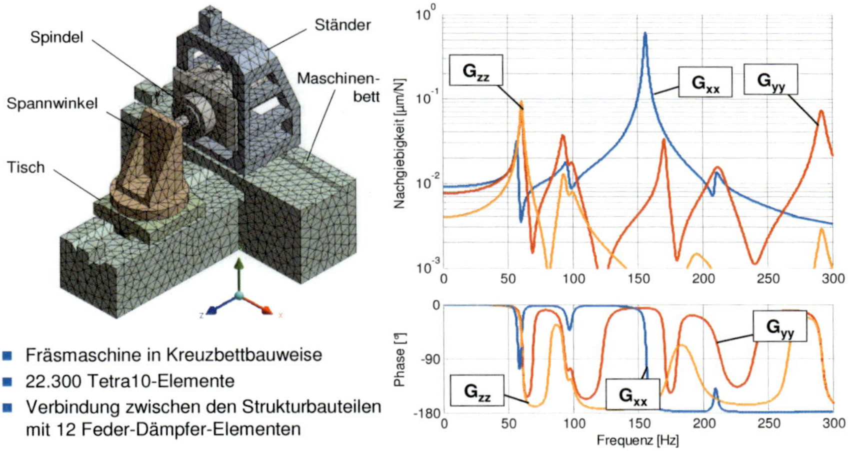

Bild 6.20: FE-Modell einer vereinfachten Fräsmaschine

FE model of a simplified milling machine

Da die FE-integrierte Stabilitätssimulation als transiente mechanische Berechnung durchgeführt wird, ist zur Beschleunigung der Berechnung bei einer hohen Anzahl von FE-Elementen die Reduktion des strukturmechanischen Maschinenverhaltens sinnvoll. Dazu bietet es sich an, das FE-Modell mit Hilfe einer automatischen Component Mode Synthesis (CMS) auf ein reduziertes FE-Modell mit wesentlich weniger Freiheitsgraden, aber dem gleichen strukturmechanischen Verhalten am TCP hinsichtlich Statik und Dynamik zu reduzieren.

Das CMS-Reduktionsverfahren stellt eine Kombination aus Substrukturtechnik und modaler Superposition dar [MAGL09]. Die Substrukturtechnik, auch Matrixkondensationstechnik genannt, ist ein mathematisches Verfahren zur systematischen Eliminierung nicht benötigter Zeilen und Spalten eines FE-Gleichungssystems. Wesentlich für diese Kondensationstechnik ist, dass lediglich diejenigen Freiheitsgrade bzw. Knoten behalten werden, an denen physikalische und strukturmechanische relevante Größen, wie aufgeprägte Kräfte und Momente, auszulesende Verschiebungen oder Rotationen und große Massen, gegeben sind.

Zu unterscheiden ist bei der Substrukturtechnik zwischen der Kondensation statischer und dynamischer FE-Modelle. Bei der Kondensation statischer FE-Modelle vom Typ $K \cdot x = F$ werden zunächst die Freiheitsgrade der Steifigkeitsmatrix K so umgestellt, dass sie in Master- und Slave-Freiheitsgrade aufgeteilt werden können:

$$\begin{bmatrix} K_{ss} & K_{sm} \\ K_{ms} & K_{mm} \end{bmatrix} \begin{bmatrix} x_s \\ x_m \end{bmatrix} = \begin{bmatrix} 0 \\ F_m \end{bmatrix} \tag{6.1}$$

Unter der Annahme, dass die an den Slave-Freiheitsgraden angreifenden Kräfte null sind, kann das obere Gleichungssystem für x_S bestimmt werden. Das anschließende Einsetzen führt zur gesuchten Transformationsmatrix T:

$$x = \begin{bmatrix} x_s \\ x_m \end{bmatrix} = \begin{bmatrix} -K_{ss}^{-1} K_{sm} \\ I \end{bmatrix} x_m = T x_m \Rightarrow K T x_m = F \tag{6.2}$$

Für die Kondensation dynamischer FE-Modelle wird mit einem identischen Verfahren ebenfalls die Transformationsmatrix T durch die Unterscheidung von Master- und Slave-Freiheitsgraden ermittelt [BOUR90], [CRAI76], [HALE80].

Mit Hilfe der modalen Superposition dagegen kann die Verschiebung U(x) an einem Knoten durch die Überlagerung der jeweiligen linearen Bauteileigenformen abgebildet werden. Dies gilt für diesen Knoten unter der Voraussetzung U(0) = 0. Die Ermittlung der linearen Eigenformen erfolgt unter der Fesselung aller anderen Knoten bzw. betrachteten Freiheitsgrade. Dazu muss das gegebene Gleichungssystem zunächst in ein entkoppeltes Gleichungssystem überführt werden. Die jeweils entkoppelten Gleichungen können anschließend mit Hilfe geeigneter Lösungsverfahren, zum Beispiel der Newmark-Integration, gelöst werden. Die Gesamtverschiebung U(x) kann anschließend durch die Summation der Einzellösungen bestimmt werden [STEL08], [MAGL09].

Das CMS-Reduktionsverfahren stellt insgesamt eine schnelle und effiziente Möglichkeit zur Reduktion von komplexen FE-Modellen für statische und dynamische Berechnungen dar. Vorteilhaft für die Nutzung des CMS-Reduktionsverfahrens sind des Weiteren die hohe Rechengenauigkeit und die gleichzeitig hohe Rechengeschwindigkeit. Zudem wurde das Verfahren in den letzten Jahren stets weiterentwickelt und in eine Vielzahl von FE-Softwareprodukten integriert [BOUR90], [MAGL09]. Das im Weiteren untersuchte FE-Modell der in Bild 6.20 dargestellten Fräsmaschine wurde mit Hilfe des CMS-Reduktionsverfahrens auf die fünf Strukturkomponenten mit jeweils 20 Eigenformen reduziert.

Das in diesem Fall modellierte strukturmechanische Maschinenverhalten entspricht dem Stand der Technik für Fräsmaschinen mit horizontaler Spindel [WECK06a]. Während das statische Maschinenverhalten in allen drei Achsrichtungen als sehr steif zu bewerten ist, weist das dynamische Maschinenverhalten eine ausgeprägte Resonanzstelle in X-Richtung bei 162 Hz durch die Torsion des Ständers auf. Eine weitere Resonanzstelle liegt bei 170 Hz in Y-Richtung, die durch die Verkippung des

Spindelkastens und die Biegung der Werkstückhalterung verursacht wird. Die beiden Eigenformen zu diesen Eigenfrequenzen sind in Bild 6.21 dargestellt. Aufgrund der jeweils bei diesen Eigenformen gegebenen hohen dynamischen Nachgiebigkeit und des gleichzeitigen Abfalls des Phasenverlaufs unter -90° besitzen diese Eigenfrequenzen bei der Berechnung von Stabilitätskarten einen besonderen Stellenwert.

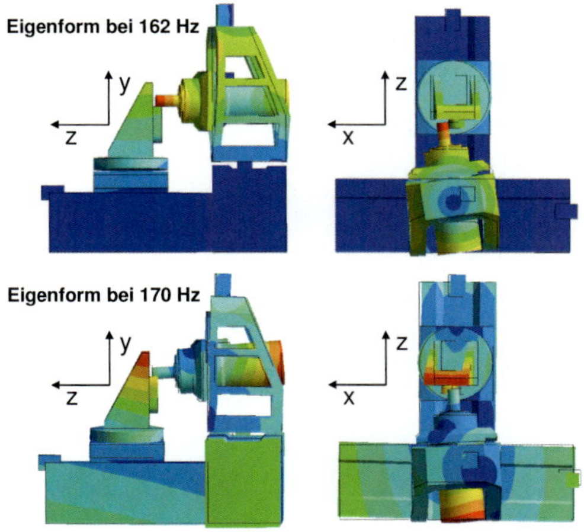

Beschreibung:
- Torsion des Ständers um die Y-Achse
- Schwingung des TCP in X-Richtung
- Leichte gegenphasige Kippschwingung des Spannwinkels

Beschreibung:
- Kippschwingung des Spindelkastens um die X-Achse
- Biegung des Spannwinkels und des Tisches um die Z-Achse
- Rotation des Maschinenbetts um die Y-Achse

Bild 6.21: Berechnete Eigenformen und -frequenzen der vereinfachten Fräsmaschine
Calculated mode shapes and frequencies of simplified milling machine

Die für den Vergleich der beiden Simulationsansätze relevanten Prozessparameter sind Schneidenzahl, Schneidplattentyp und Fräsrichtung, die in den jeweiligen Simulationsläufen variiert werden können.

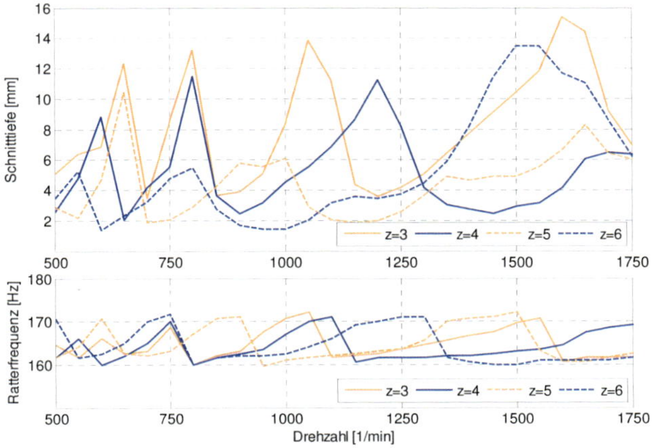

Simulationsrahmenwerk
Struktur
Eigenständig (PrimeCut)
Domäne
Zeitbereich
Randbedingungen
Simulationszeit: 2 sek
Abtastrate: 16.000 Hz
Stabilitätskriterium: Poincaré

Maschinenmodell
Datenbasis
Vereinfachte Fräsmaschine
Datentyp
Modale Parameter

Prozessmodell
Prozesskinematik
Fräsprozess: Vollnut, X+ und Variation der Zähnezahl
Werkzeug:
Sandvik R390-080Q27-18L
Vorschub: f_z=0,18 mm/Z
Prozesskräfte
Bilineares Schnittkraftmodell

Bild 6.22: Simulierte Stabilitätskarten mit unterschiedlicher Schneidenzahl
Simulated stability charts with a different number of inserts

Die mit der eigenständigen Stabilitätssimulation berechneten Stabilitätskarten mit unterschiedlicher Schneidenzahl zeigen die typischen Verläufe der Stabilitätsgrenze für einen Zweimassenschwinger, vgl. Bild 6.22. Je nach Anzahl der Schneiden können entsprechend für die jeweiligen Drehzahlbereiche die beiden dominanten Ratterfrequenzen bei 162 Hz und 170 Hz ermittelt werden.

Der Vergleich zwischen den mit der eigenständigen und der FE-integrierten Stabilitätssimulation berechneten Stabilitätskarten für eine Schneidenzahl vier und fünf zeigt leichte Abweichungen der Simulationsergebnisse in der Amplitude und Lage der Stabilitätsmaxima. Diese Abweichungen in den Maxima sind in der unterschiedlichen Hinterlegung des dynamischen Maschinenverhaltens und der verwendeten Lösungsmethode begründet. Jedoch werden die Stabilitätsminima und die Wechsel zwischen zwei Rattermoden durch beide Simulationsansätze identisch erkannt und bewertet, vgl. Bild 6.23.

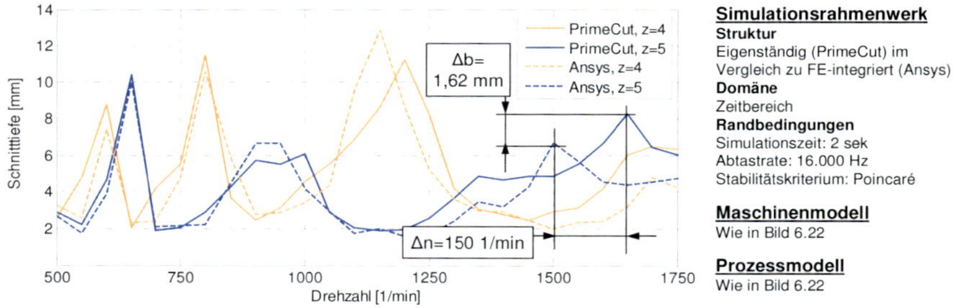

Bild 6.23: Vergleich der simulierten Stabilitätskarten für eine unterschiedliche Schneidenzahl

Comparison of the simulated stability charts for a different number of inserts

Da unterschiedliche Schneidplattentypen eine jeweils charakteristische Ausprägung der Zerspankräfte besitzen, wird durch den Schneidplattentyp auch der Verlauf der Stabilitätsgrenze beeinflusst. Bild 6.24 zeigt als Beispiel für ein vier- und ein fünfschneidiges Werkzeug die simulierten Stabilitätsverläufe unter Verwendung einer runden Schneidplatte (R300) und einer rhombischen Schneidplatte (R390). Die Stabilitätsgrenze der R300-Schneidplatte liegt bei diesem gegebenen dynamischen Maschinenverhalten höher als bei der R390-Schneidplatte. Dies begründet sich dadurch, dass bei der Zerspanung mit der R300-Schneidplatte im Gegensatz zur R390-Schneidplatte höhere Passivkräfte bei gleichzeitig niedrigeren Vorschubkräften auftreten und dass das Maschinenverhalten in Z-Richtung sehr viel steifer als in der X- und Y-Richtung ist. Zudem kann in Bild 6.24 erkannt werden, dass wieder die beiden dominanten Eigenformen bei 162 Hz und 170 Hz zu einem für einen Zweimassenschwinger typischen Verlauf der Stabilitätsgrenze führen. Entsprechend diesem Verlauf können auch für die unterschiedlichen Schneidplattentypen die beiden dominanten Eigenfrequenzen als Ratterfrequenzen bestimmt werden.

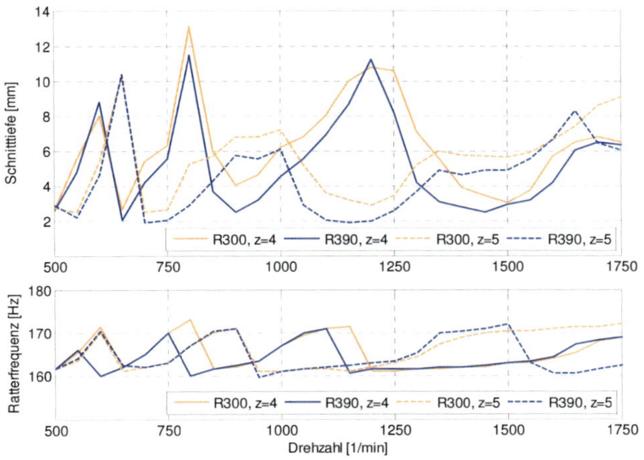

Simulationsrahmenwerk
Struktur
Eigenständig (PrimeCut)
Domäne
Zeitbereich
Randbedingungen
Simulationszeit: 2 sek
Abtastrate: 16.000 Hz
Stabilitätskriterium: Poincaré

Maschinenmodell
Datenbasis
Vereinfachte Fräsmaschine
Datentyp
Modale Parameter

Prozessmodell
Prozesskinematik
Fräsprozess: Vollnut, X+ und Variation der Zähnezahl
Werkzeug:
Sandvik R390-080Q27-18L
Vorschub: f_z=0,18 mm/Z
Prozesskräfte
Bilineares Schnittkraftmodell

Bild 6.24: Simulierte Stabilitätskarten der vereinfachten Fräsmaschine mit unterschiedlicher Schneidenzahl und unterschiedlichem Schneidentyp

Simulated stability charts of the simplified milling machine with a different number of inserts and different types of inserts

Bei der Gegenüberstellung der eigenständigen und der FE-integrierten Stabilitätssimulation zeigen sich wiederum leichte Unterschiede in Lage und Höhe bei der Berechnung von Stabilitätsmaxima, Bild 6.25. Demgegenüber werden bei der Stabilitätssimulation die Stabilitätsminima und die Überlagerung zweier Eigenfrequenzen ebenfalls gleich bewertet.

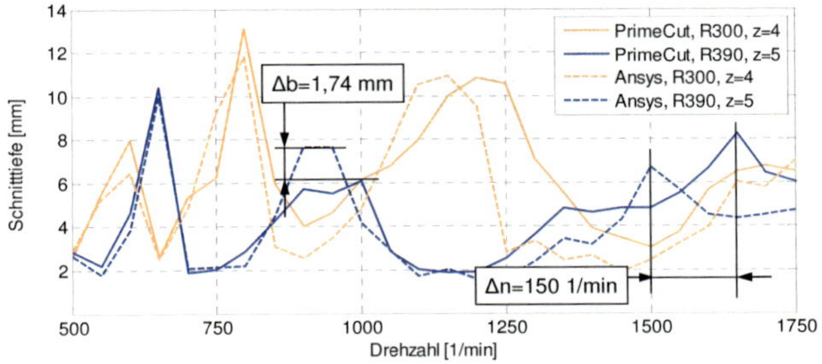

Simulationsrahmenwerk
Struktur
Eigenständig (PrimeCut) im Vergleich zu FE-integriert (Ansys)
Domäne
Zeitbereich
Randbedingungen
Simulationszeit: 2 sek
Abtastrate: 16.000 Hz
Stabilitätskriterium: Poincaré

Maschinenmodell
Wie in Bild 6.24

Prozessmodell
Wie in Bild 6.24

Bild 6.25: Vergleich der simulierten Stabilitätskarten für unterschiedliche Schneidenzahl und unterschiedlichem Schneidentyp

Comparison of simulated stability charts for a different number of inserts and different types of inserts

Da das FE-Modell der vereinfachten Fräsmaschine kein symmetrisches, dynamisches Maschinenverhalten in X- und Y-Richtung aufweist, ist auch die Stabilitätssimulation für unterschiedliche Bearbeitungsrichtungen von Interesse. Dazu kann wie beim Einmassenschwinger die Bearbeitungsrichtung durch eine Winkelvorgabe festgelegt werden. In Bild 6.26 sind die unterschiedlichen Stabilitätskarten und die dazugehörigen Ratterfrequenzen für insgesamt sieben Bearbeitungsrichtungen zusammengefasst. Es zeigt sich, dass gegenüber der ursprünglichen Bearbeitungsrichtung von 0° bei einer Bearbeitungsrichtung von 90° bzw. 120° zwar höhere Stabilitätsmaxima erreicht werden können, jedoch bei diesen beiden Richtungen auch die Stabilitätsminima wesentlich niedriger als bei der Bearbeitungsrichtung von 0° sind. Ebenfalls kann festgehalten werden, dass die Ausprägung der Stabilitätsgrenze und der Wechsel zwischen den dominanten Eigenfrequenzen weniger stark von der Bearbeitungsrichtung als von der Drehzahl bestimmt werden. Daher können die Ratterfrequenzen auch im unteren Diagramm in einer Linie zusammengefasst werden.

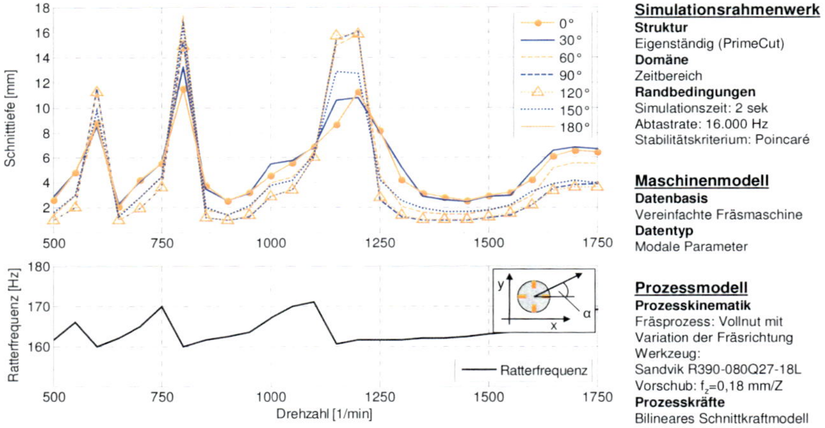

Bild 6.26: Simulierte Stabilitätskarte für unterschiedliche Fräsrichtungen
Simulated stability chart for different milling directions

Im Vergleich zwischen der FE-integrierten und der eigenständigen Stabilitätssimulation zeigen sich für dieses Simulationsbeispiel ebenfalls Abweichungen in der Berechnung von Stabilitätsspitzen, Bild 6.27.

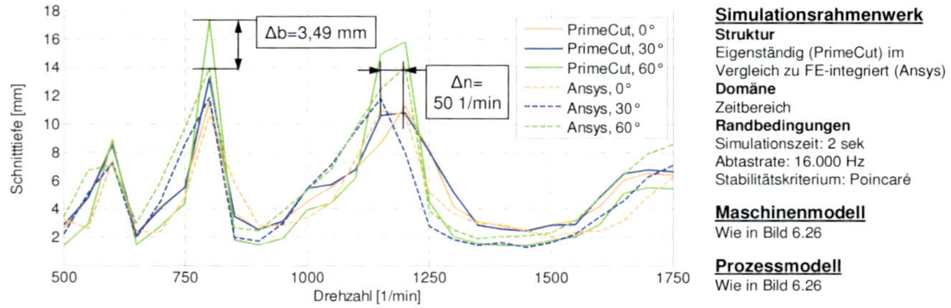

Bild 6.27: Vergleich der simulierten Stabilitätskarten für unterschiedliche Fräsrichtungen
Comparison of simulated stability charts for different milling directions

Der Verlauf der Stabilitätsgrenze, die Berechnung von Stabilitätsminima sowie der Wechsel zwischen den dominanten Eigenfrequenzen können aber gleichermaßen mit beiden Simulationsmethoden identifiziert werden. Die zu dem Stabilitätsverlauf gehörenden Ratterfrequenzen der FE-integrierten Stabilitätssimulation entsprechen denen der eigenständigen Stabilitätssimulation.

Insgesamt kann für die Stabilitätssimulation der vereinfachten Fräsmaschine festgehalten werden, dass eine Bewertung des Stabilitätsverhaltens mit Hilfe der beiden vorgestellten Simulationsansätze möglich ist. Jedoch treten durch die Modellkomplexität Abweichungen in den Stabilitätsmaxima auf. Grundsätzlich sind aber die Identifikation relevanter Schwachstellen und deren jeweiliger Eigenfrequenzen anhand der Stabilitätsminima problemlos möglich. Bei der Durchführung der Simulationsläufe hat sich zusätzlich gezeigt, dass trotz einer Modellreduktion bei der Berechnung von Stabilitätskarten mit der FE-integrierten Stabilitätssimulation fünf- bis sechsmal höhere Rechenzeiten erforderlich sind.

6.3.2 Stabilitätssimulation einer vereinfachten Drehmaschine

Stability simulation of a simplified lathe

Für die Simulation von Stabilitätskarten bei der Drehbearbeitung wurde ein FE-Modell einer Drehmaschine aufgebaut, das auf einem senkrechten Bett zwei Vorschubsysteme für die Bahnbewegung des Werkzeugs in der X-Z-Ebene besitzt, Bild 6.28. Das FE-Modell beinhaltet neben den Strukturkomponenten zusätzlich einen modellierten Werkzeugrevolver sowie eine modellierte Hauptspindel mit Ersatzwerkstück. Insgesamt besteht das FE-Modell aus 12.750 Tetra10-Elementen und 10 Feder-Dämpfer-Elementen.

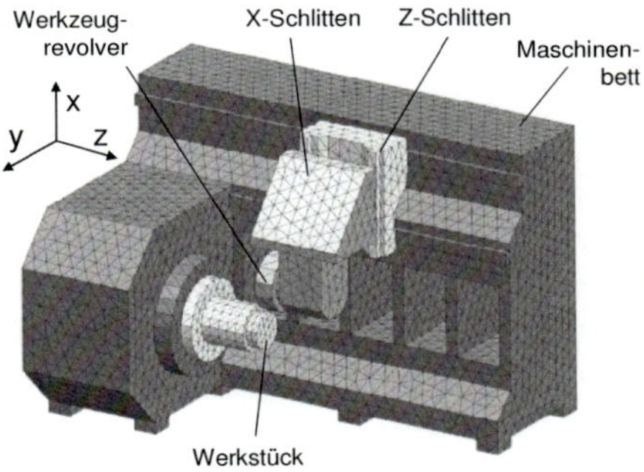

- Drehmaschine mit X-Z Kinematik und Werkzeugrevolver
- 12.750 Tetra10-Elemente
- Verbindung zwischen den Strukturbauteilen mit insgesamt 10 Feder-Dämpfer-Elementen

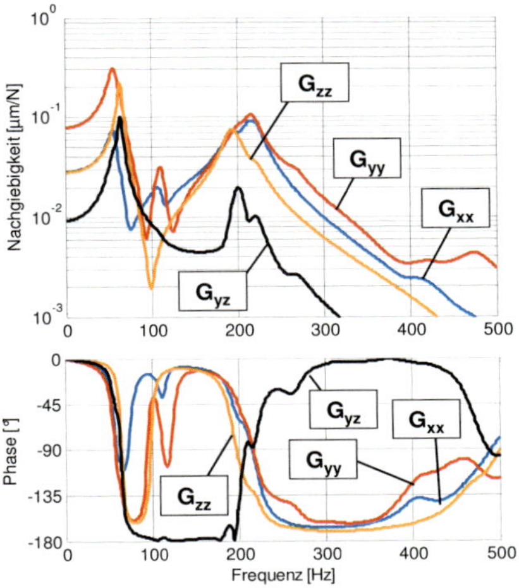

Bild 6.28: FE-Modell einer vereinfachten Drehmaschine

FE model of a simplified lathe

Für eine beschleunigte transiente FE-Berechnung von Stabilitätskarten ist es zielführend, wie bei der vereinfachten Fräsmaschine auch dieses Modell mit Hilfe des CMS-Reduktionsverfahrens zu reduzieren. Das FE-Modell der Drehmaschine wird daher auf die fünf Strukturkomponenten mit jeweils 20 Eigenformen reduziert.

Die modellierte Drehmaschine orientiert sich bezüglich des statischen und dynamischen Maschinenverhaltens am aktuellen Stand der Technik entsprechender Maschinensysteme [WECK06a]. Hinsichtlich des dynamischen Maschinenverhaltens sind zwei Resonanzstellen im Nachgiebigkeitsfrequenzgang als kritisch zu betrachten. Sowohl bei 56,2 Hz als auch bei 63,9 Hz tritt neben einer Amplitudenüberhöhung auch ein Abfall des Phasenverlaufs unter -90° auf. Die dazugehörigen Eigenformen sind in Bild 6.29 dargestellt. Bei beiden Schwingungsformen treten Verlagerungen am TCP auf Grund von Schwingungen auf der Werkzeugseite auf.

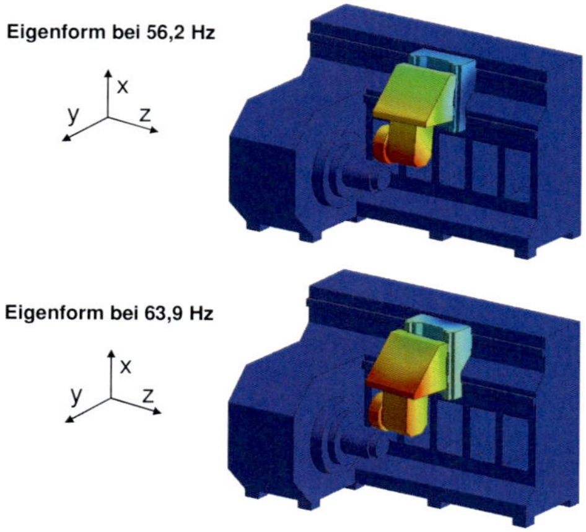

Beschreibung:

- Aufklaffen in der X-Führung und resultierende Kippschwingung des X-Schlittens
- Leichte Drehbewegung des X-Schlittens um die Y-Achse
- Resultierende räumliche Schwingung des TCP in Y- und Z-Richtung

Beschreibung:

- Drehbewegung des X- und Z-Schlittens um die X-Achse
- Leichte Drehbewegung des X-Schlittens um die Y-Achse
- Resultierende räumliche Schwingung des TCP in Y- und Z-Richtung

Bild 6.29: Berechnete Eigenformen und -frequenzen der vereinfachten Drehmaschine
Calculated mode shapes and frequencies of the simplified lathe

Für den Vergleich von Stabilitätskarten auf Basis dieser vereinfachten Drehmaschine bietet es sich an, die prozessspezifischen Parameter Drehrichtung und Schnittgeschwindigkeit bzw. Durchmesser zu betrachten. In Bild 6.30 sind die mit der FE-integrierten Stabilitätssimulation berechneten Stabilitätskarten für konstante Schnittgeschwindigkeiten sowie für Links- und Rechtslauf dargestellt.

Auf Grund der höheren Zerspankräfte bei höheren Schnittgeschwindigkeiten sinkt die Stabilitätsgrenze je im Links- und Rechtslauf mit zunehmender Schnittgeschwindigkeit. Dies hat aber, vergleichbar mit den unterschiedlichen Schneidplattentypen bei der Fräsbearbeitung, einen vernachlässigbar kleinen Einfluss auf die Lage der Stabilitätsminima und -maxima. Des Weiteren zeigt sich auch bei dieser vereinfachten Drehmaschine der Einfluss der Kreuznachgiebigkeit $G_{yz}(j\omega)$ auf die Stabilitätsgrenze.

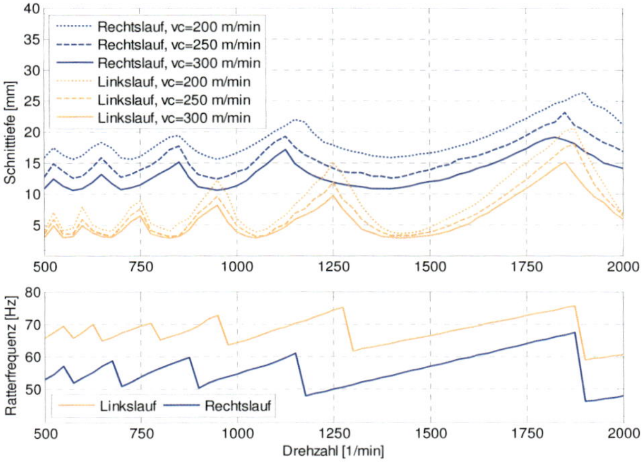

Simulationsrahmenwerk
Struktur
FE-integriert (Ansys)
Domäne
Zeitbereich
Randbedingungen
Simulationszeit: 1,5 sek
Abtastrate: 16.000 Hz
Stabilitätskriterium: Poincaré

Maschinenmodell
Datenbasis
Vereinfachte Drehmaschine
Datentyp
FE-Modell

Prozessmodell
Prozesskinematik
Längsdrehprozess: Richtung Z-, Variation der Werkstückdrehrichtung bei jeweils konstanten Schnittgeschwindigkeiten, Werkzeug: Sandvik CoroKey CNMM 16 06 08-MR 2025 Vorschub: f_u=0,25 mm/U
Prozesskräfte
Bilineares Schnittkraftmodell

Bild 6.30: Simulierte Stabilitätskarten der vereinfachten Drehmaschine bei konstanten Schnittgeschwindigkeiten

Simulated stability charts of the simplified lathe at constant cutting speeds

In Abhängigkeit der Drehrichtung des Werkstücks können in diesem Simulationsbeispiel für eine Schnittgeschwindigkeit von 250 m/min Unterschiede in der minimalen Grenzschnitttiefe ermittelt werden. Während die minimale Grenzschnitttiefe beim Linkslauf bei 3,1 mm ermittelt wird, liegt diese beim Rechtslauf bei 12,63 mm. Zusätzlich hat die gewählte Drehrichtung auch einen Einfluss auf die Anregung der beiden dominanten Eigenformen durch die dynamischen Zerspankräfte. Während beim Linkslauf in diesem Beispiel die Kreuznachgiebigkeiten $G_{yz}(j\omega)$ eine verstärkende Wirkung auf die Anregung der Eigenform bei 63,9 Hz besitzen, führt der Rechtslauf zu einer Abschwächung der dynamischen Anregung der Eigenform bei 63,9 Hz. Beim Rechtslauf führt daher die Resonanzstelle bei 56,2 Hz zu einem regenerativen Rattern und somit zu einer zusätzlichen Begrenzung der Schnitttiefe.

Bei der Berechnung der Stabilitätskarten mit Hilfe der eigenständigen Stabilitätssimulation kann ebenfalls die Abhängigkeit der Stabilitätsgrenzen von der Werkstückdrehrichtung festgestellt werden. Die in Bild 6.31 dargestellten berechneten Stabilitätskarten zeigen den Verlauf der Stabilitätsgrenzen für konstante Werkstückdurchmesser. Auch bei diesen Simulationen wurde die dominante Eigenfrequenz von 63,9 Hz durch den Linkslauf und die dominante Eigenfrequenz von 56,2 Hz durch den Rechtslauf angeregt.

Ein Vergleich dieser Berechnungsergebnisse am Beispiel der vereinfachten Drehmaschine ergibt, dass beide Simulationsansätze befähigt sind die minimale Grenzschnitttiefe, die Stabilitätsmaxima und die Ratterfrequenzen fast identisch zu identifizieren. Dies gilt des Weiteren unter dem Einfluss einer unterschiedlichen Werkstückdrehrichtung.

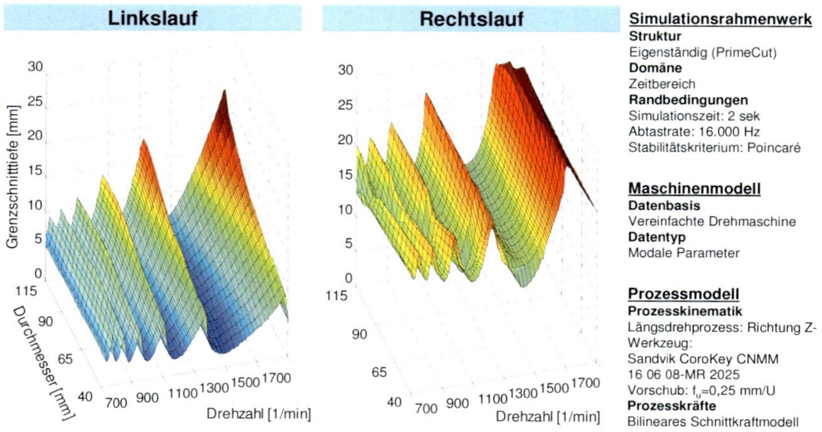

Bild 6.31: Simulierte Stabilitätskarten der vereinfachten Drehmaschine bei konstanten Werkstückdurchmessern

Simulated stability charts of the simplified lathe with constant work piece diameters

6.3.3 Bewertung der Simulationsergebnisse

Assessment of the simulation results

Für die in Kapitel 6.3 vorgestellten Untersuchungen an FE-Maschinenmodellen können verschiedene Erkenntnisse festgehalten werden. Zum einen ist die Berücksichtigung strukturmechanischer und prozessspezifischer Einflüsse bei der Berechnung von Stabilitätskarten mit beiden Simulationsansätzen möglich. Die berechneten Stabilitätskarten können sowohl im Stabilitäts- als auch im Ratterfrequenzverlauf die jeweiligen Einflüsse und deren Ausprägungen wiedergeben. Die aufgetretenen Abweichungen sind gering und beeinträchtigen nicht die Identifikation von Schwachstellen im FE-gestützten Entwicklungsprozess von Werkzeugmaschinen, vgl. Kapitel 2.3.5.

Zum anderen hat die Simulation von FE-Maschinenmodellen auch gezeigt, dass der Einfluss einer gesteigerten Modellkomplexität zwar bei beiden Simulationsansätzen zu fast identischen Simulationsergebnissen führt, aber trotzdem nicht zu vernachlässigende Unterschiede bei der Anwendung der Simulationsansätze bestehen. Für die Ableitung einer effizienten Vorgehensweise für den Entwicklungsprozess von Werkzeugmaschinen müssen diese Unterschiede ebenfalls berücksichtigt werden. Insbesondere gilt dies vor dem Hintergrund, dass virtuelle Prototypen moderner Werkzeugmaschinen eine höhere Modellkomplexität aufweisen als die vorgestellten vereinfachten Maschinensysteme

6.3 Anwendbarkeit der Simulationsansätze

Applicability of the simulation approaches

Für die Berechnung von Stabilitätskarten für die FE-Modelle der vereinfachten Dreh- und Fräsmaschine kann festgehalten werden, dass sowohl die eigenständige als auch die FE-integrierte Stabilitätssimulation befähigt sind, qualitativ aussagekräftige Stabilitätskarten zu berechnen. Obwohl leichte Abweichungen der Simulationsergebnisse zwischen den beiden Ansätzen bei der Berechnung von Stabilitätsmaxima auftreten, sind in den vorgestellten Simulationsbeispielen der Verlauf der Stabilitätsgrenze und die Stabilitätsminima beider Simulationsansätze nahezu identisch. Des Weiteren können unterschiedliche prozessspezifische Randbedingungen in beiden Simulationsansätzen hinreichend genau abgebildet werden. Das Ziel der beiden Simulationsansätze, die Identifikation von Schwachstellen im strukturmechanischen Verhalten, ist mit beiden vorgestellten Ansätzen möglich, da die Zuordnung des Stabilitätsverlaufs zu kritischen bzw. die Stabilitätsgrenze minimierenden Eigenformen und -frequenzen durchführbar ist.

Des Weiteren hat sich bei den Simulationsläufen gezeigt, dass trotz Reduktion der FE-Modelle mit Hilfe der Component Mode Synthesis die Rechenzeiten der FE-integrierten Stabilitätssimulation im Gegensatz zur eigenständigen Stabilitätssimulation wesentlich höher sind. Eine Berechnung einer einzelnen Stabilitätskarte mit der FE-integrierten Stabilitätssimulation erzeugt auf demselben Computer einen fünf- bis sechsmal höheren Rechenaufwand als die gleiche Simulation mit der eigenständigen Stabilitätssimulation (verwendeter Computer mit folgender Ausstattung: Intel Xeon X5690 mit 6 Kernen je 3,46 GHz; 24 GB Arbeitsspeicher; 4 TB Festplatte). Einerseits begründet sich dies in der strukturmechanischen, transienten Berechnung eines FE-Modells und in der Datenverarbeitung der FE-Software, die die dynamischen Kräfte und Verlagerungen im Laufe des Lösungsprozesses in separaten Dateien ablegt. Andererseits stellt die eigenständige Stabilitätssoftware eine auf die Berechnung von Stabilitätskarten optimierte Software dar, die den Datenaustausch vollständig speicherintern durchführt und alle zur Verfügung stehenden CPU-Cores für die Berechnung nutzt.

Demgegenüber steht, dass die Berechnung von Stabilitätskarten mit dem FE-integrierten Simulationsansatz im Vergleich zur eigenständigen Software durch das nicht benötigte Fitting von Nachgiebigkeitsfrequenzgängen einfacher und weniger fehleranfällig ist. Zusätzlich bilden die FE-Modelle bzw. die reduzierten FE-Modelle das dynamische Maschinenverhalten durch die gegebene Berücksichtigung aller Raumrichtungen und somit aller neun Nachgiebigkeitsfrequenzgänge stets umfassender und genauer ab. Vorteilhaft bei der Benutzung der FE-integrierten Lösung ist zudem, dass bei einer Identifikation von stabilitätsmindernden Schwingungsformen anhand der Ratterfrequenzen eine direkte Visualisierung der jeweiligen Eigenformen in der FE-Software möglich ist. Dadurch können gezielt Schwachstellen im Maschinenentwurf erkannt und verbessert werden. Zusammenfassend sind die jeweiligen Vor- und Nachteile der beiden Simulationsansätze in Bild 6.32 dargestellt.

Eigenständige Stabilitätssimulation	FE-integrierte Stabilitätssimulation
+ Geringe Rechenzeit	+ Software-integrierte Lösung
+ Einfache Anwendbarkeit für Variationsstudien	+ Simulation auf Basis der bereits erstellten FE-Maschinenmodelle
– Aufbereitung des dynamischen Maschinenverhaltens vor der Stabilitätssimulation notwendig	+ Visualisierung von stabilitätsmindernden Eigenformen im Postprocessing anhand der Identifikation kritischer Ratterfrequenzen
– Stabilitätssimulation nur mit einem linearen Maschinenverhalten und nur an einem zuvor festgelegten Punkt im Arbeitsraum möglich	– Hohe Rechenzeiten durch transiente FE-Berechnung des dynamischen Maschinenverhaltens und Datenhandling der FE-Software

Bild 6.32: Vor- und Nachteile der beiden Simulationsansätze
Advantages and disadvantages of both simulation approaches

7 Anwendung der Stabilitätssimulation im Entwicklungsprozess

Application of the stability simulation in the development process

In den vorangegangenen Kapiteln wurden die beiden Simulationsansätze vorgestellt, verifiziert und detailliert untersucht. Insbesondere wurde in Kapitel 6 die Eignung der beiden Simulationsansätze zur präzisen Identifikation von Schwachstellen im Konstruktionsentwurf herausgearbeitet. Es hat sich gezeigt, dass beide Ansätze zwar fast gleichwertige Ergebnisse in Form von Stabilitätskarten und zugehörigen Ratterfrequenzen berechnen können, aber bei beiden Ansätzen trotzdem nicht zu vernachlässigende Vor- und Nachteile hinsichtlich Anwendung, Genauigkeit und Rechenzeit gegeben sind. Zielführend ist daher die Nutzung der Vorteile der jeweiligen Simulationsansätze unter Berücksichtigung der Anforderungen an die Simulationsergebnisse.

7.1 Vorgehensweisen für die Anwendung der Stabilitätssimulation

Procedures for an application of the stability simulation

Um die Stabilitätssimulation im Entwicklungsprozess von Werkzeugmaschinen zu etablieren und die Prozessstabilität als Bewertungskriterium für einen Konstruktionsentwurf aussagekräftig und gleichzeitig effizient nutzbar zu machen, kann im Entwicklungsprozess der Reifegrad einer Maschinenentwicklung hinsichtlich Konzeptphase und Detailphase unterschieden werden. In der Konzeptphase erfolgen bei der Maschinenentwicklung beispielsweise die Dimensionierung des Arbeitsraums, die Auslegung der Kinematik der Vorschubachsen und die Vorauslegung der Strukturkomponenten. Demgegenüber werden in der Detailphase zum Beispiel einzelne Maschinenelemente genauer ausgelegt und die Wandstärken der Strukturbauteile festgelegt.

Die vorgestellten Ansätze zur Stabilitätssimulation können in beiden Phasen genutzt werden, vgl. Bild 7.1. Für Berechnungen in der Konzeptphase eignet sich die eigenständige Stabilitätssimulation, da diese wesentlich rechenzeiteffizienter arbeitet und das letztendliche strukturdynamische Maschinenverhalten in dieser Phase noch nicht vollständig vorliegt. Des Weiteren kann zur Ermittlung einer hinsichtlich der Prozessstabilität optimalen Bauteildimensionierung die eigenständige Stabilitätssimulation zusammen mit der Fitting Software und einer FE-Software im Rahmen einer Parameteroptimierung genutzt werden. Dies bietet sich beispielsweise für die Dimensionierung von Achs- oder Lagerabständen an. In Kapitel 7.2.1 wird zu dieser Thematik ein Berechnungsbeispiel vorgestellt.

Für Berechnungen in der Detailphase dagegen ist es zielführend, die FE-integrierte Stabilitätssimulation zu verwenden. In dieser Phase liegt das strukturdynamische Maschinenverhalten bereits mit einer hohen Güte in der FE-Software vor und es können bestimmte Details oder Varianten der Maschinenauslegung detailliert untersucht bzw. gegenübergestellt werden.

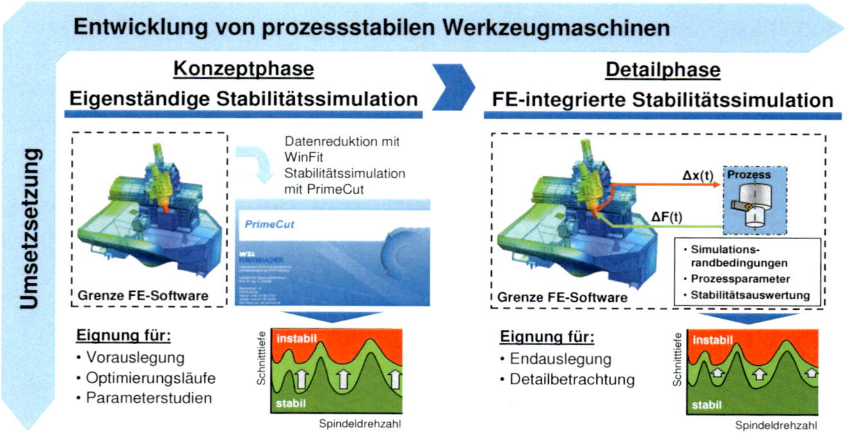

Bild 7.1: Anwendung der Stabilitätssimulation in der Entwicklung von Werkzeugmaschinen
Application of the stability of simulation in the design process of machine tools

Da nur noch wenige Variationsrechnungen erstellt werden müssen, um ein aussagekräftiges Ergebnis zu erhalten, sind die hohen Rechenzeiten im Gegensatz zum Entfallen des Fittings und der höheren Abbildungsgenauigkeit des Maschinenverhaltens weniger relevant. Insbesondere erlaubt die Stabilitätssimulation in der Detailphase die zielgerichtete und spezialisierte Auslegung einer Werkzeugmaschine im Hinblick auf den im Einsatz vorgesehenen Bearbeitungsprozess. Zusätzlich können kritische Eigenformen und deren Eigenfrequenzen zielgerichtet anhand der Ratterfrequenzen identifiziert und mit Hilfe des Postprocessings visualisiert werden. Dies ermöglicht den direkten Rückschluss auf zu verbessernde Schwachstellen im Maschinenentwurf. Für die Stabilitätssimulation in der Detailphase wird daher in den Kapiteln 7.2.2 und 7.2.3 je ein Berechnungsbeispiel vorgestellt.

7.2 Beispiele für die Anwendung der Stabilitätssimulation

Examples of application of the stability simulation

Die folgenden Berechnungsbeispiele zeigen die Anwendbarkeit der jeweiligen Simulationsansätze für unterschiedliche Konstruktionsfälle bei der Entwicklung von Werkzeugmaschinen. Im Mittelpunkt der Berechnungsbeispiele stehen jeweils die Fragestellungen, welchen Einfluss das dynamische Verhalten von unterschiedlichen Konstruktionsvarianten auf die Prozessstabilität besitzt und mit welcher konstruktiven Auslegung ein wirtschaftliches Zeitspanungsvolumen im Bearbeitungsprozess erreicht werden kann. Die im Folgenden vorgestellten Beispiele stehen für eine exemplarische Anwendung der Stabilitätssimulation und zeigen anhand konkreter einzelner Konstruktionsproblematiken die Möglichkeit, die Prozessstabilität als ein Bewertungskriterium zu nutzen.

7.2.1 Stabilitätssimulation einer Hauptspindel

Stability simulation of a main spindle

In der Konzeptphase der Maschinenentwicklung müssen wie zuvor genannt einzelne Strukturkomponenten oder auch die Kinematik von Vorschubachsen zur TCP-Bewegung ausgelegt werden. Da diese Aufgabe jedoch einen großen Lösungsraum abdeckt, bei der eine Vielzahl von Gestaltungsparametern berücksichtigt werden muss, ist es möglich, die Auslegung unter den Gesichtspunkten einer größtmöglichen Prozessstabilität durch einen Optimierungsablauf bestimmen zu lassen. Um bei kurzen Rechenzeiten qualitativ aussagekräftige Stabilitätskarten berechnen zu können, bietet es sich zudem an, eine FE-Software in Kombination mit der eigenständigen Stabilitätssoftware und der Fitting Software zu verwenden. Der grundsätzliche Aufbau eines solchen Optimierungsablaufs ist in Bild 7.2 dargestellt.

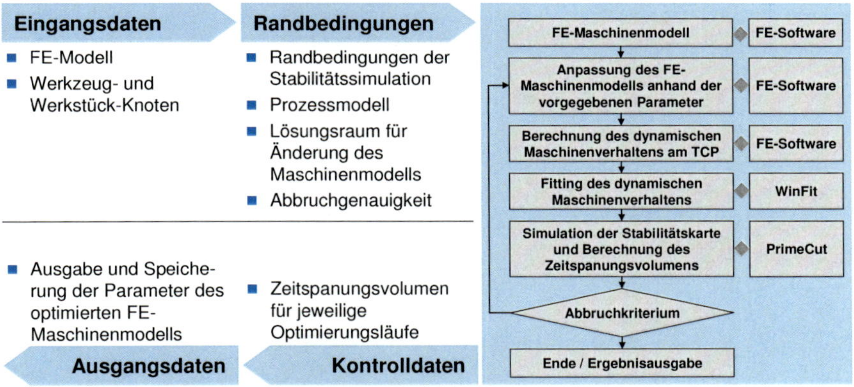

Bild 7.2: Aufbau des Optimierungsablaufs

Structure of the optimization process

Neben der Vorgabe von Eingangsdaten, wie beispielsweise dem FE-Modell sowie der Markierung des TCP im FE-Modell, müssen auch die Randbedingungen der Optimierung wie Lösungsraum und Abbruchkriterium festgelegt werden. Die eigentliche Optimierung findet im Rahmen einer Optimierungsschleife statt, die aus der FE-Software, der Fitting Software und der eigenständigen Stabilitätssoftware besteht. Ausgehend vom FE-Maschinenmodell erfolgen in der FE-Software auch die Variation des Modells anhand der vorgegebenen Parameter und Randbedingungen sowie die Berechnung des dynamischen Maschinenverhaltens am TCP. Diese berechneten Nachgiebigkeitsfrequenzgänge werden dann von einer Fitting Software wie zum Beispiel WinFit eingelesen und auf ein analytisches Modell reduziert. Anschließend lässt sich mit einer Stabilitätssoftware für diese Gestaltung des FE-Modells eine Stabilitätskarte berechnen. Als quantitative Bewertungsgröße für einen Konstruktionsentwurf bietet es sich an, das maximal erreichbare Zeitspanungsvolumen zu verwenden. Für die Fräsbearbeitung kann diese Größe mit der zuvor vorgestellten Gleichung 4.4 berechnet werden.

Als Beispiel für die Optimierung der Auslegung einer Maschinenkomponente wird an dieser Stelle die Hauptspindel einer Fräsmaschine betrachtet. Insbesondere stellt die Hauptspindelwelle einer Fräsmaschine eine der hoch beanspruchten Maschinenkomponenten in der gesamten Werkzeugmaschine dar. Zum einen unterliegt die Hauptspindel allen im Prozess auftretenden Zerspankräften und muss diese von der rotierenden Spindelwelle über Spindellager in die feststehende Struktur einleiten. Zum anderen gilt für die Hauptspindel eine Vielzahl von Bauraumbeschränkungen wie beispielsweise für den Innen- und Außendurchmesser der Spindelwelle, da zusätzliche Funktionskomponenten wie das Werkzeugspannsystem und die Werkzeugschnittstelle oder auch die Störkontur des Spindelkastens im Maschinenarbeitsraum eine beliebige Dimensionierung der Spindelwelle nicht erlauben.

Im Hinblick auf das dynamische Verhalten der Hauptspindel kann festgehalten werden, dass bei einem ausreichend steifen Werkzeug, wie zum Beispiel ein Messerkopf, eine Hauptspindel in der Regel zwei dominante, für die Prozessstabilität kritische Eigenformen besitzt. Dies sind einerseits die Verkippung der Spindelwelle in den Lagerstellen und andererseits die erste Biegeeigenform der Spindelwelle. Je nach Gestaltung der Spindelwelle führen beide Eigenformen zu einer kritischen Resonanzüberhöhung im Nachgiebigkeitsfrequenzgang mit einem gleichzeitigen meist kritischen Phasenabfall. Unter Berücksichtigung von Innen- und Außendurchmesser der Spindelwelle stellt der Abstand zwischen Fest- und Loslager eine für beide Eigenformen bestimmende Größe dar. Welche der beiden Eigenformen jedoch für eine Begrenzung der maximal möglichen Schnitttiefe verantwortlich ist bzw. bei welchem Abstand zwischen Fest- und Loslager eine möglichst hohe Zerspanleistung über den Drehzahleinsatzbereich umgesetzt werden kann, ist dagegen fraglich. Zur Lösung dieses Problems kann eine mit den vorgestellten Simulationsansätzen unterstützte Optimierung der Länge der Spindelwelle erfolgen.

In Bild 7.3 ist für dieses Berechnungsbeispiel das in der FE-Software NewSpilad aufgebaute 2D-FE-Modell einer fremdgetriebenen Hauptspindel zu sehen. Zusätzlich zur tragenden Spindelwelle sind die für das dynamische Verhalten ebenfalls relevanten Zusatzmassen wie Hülsen und Lagerinnenringe sowie das eingesetzte Werkzeug modelliert. Das Werkzeug entspricht dem in den vorigen Kapiteln verwendeten Messerkopf mit vier Schneiden. An den jeweiligen Knotenpunkten für das Fest- und das Loslager ist die Lagerung der Spindelwelle gegenüber der Umgebung mit Hilfe von Feder-Dämpfer-Elementen realisiert. Die für die Lagerstellen verwendeten Lagerkennwerte entsprechen Herstellerangaben, vgl. Bild 7.3. Da das eingesetzte Werkzeug für die Zerspanung von Stahl mit niedrigen Schnittgeschwindigkeiten ausgelegt ist, können auf Grund des niedrigen Drehzahleinsatzbereichs drehzahlabhängige Steifigkeitsverluste in den Lagern vernachlässigt werden [ESSE10], [TUEL99].

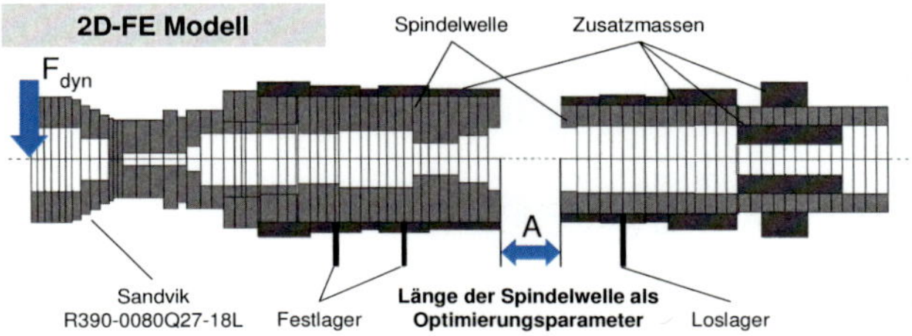

Lagerkennwerte	
$k_{FL,ax}$	140 N/µm
$k_{FL,rad}$	265 N/µm
$k_{LL,ax}$	0 N/µm
$k_{LL,rad}$	250 N/µm
$d_{FL\text{-}LL,rad}$	1750 Ns/m
$k_{FL,verdreh}$	190.000 Nm/rad
$k_{LL,verdreh}$	190.000 Nm/rad
$d_{FL\text{-}LL,verdreh}$	20 Nms/rad

Bild 7.3: FE-Modell einer fremdgetriebenen Hauptspindel
FE model of an externally-driven main spindle

Im konventionellen Konstruktionsprozess können für die Bestimmung des optimalen Lagerabstands ohne die Berücksichtigung dynamischer Prozesslasten vielfach einfache Berechnungsmethoden verwendet werden. Dazu ist auf der linken Seite von Bild 7.4 die Ermittlung des optimalen Lagerabstands unter statischen Gesichtspunkten dargestellt. Ziel dieser Berechnungsmethode ist es, das Minimum der statischen Spindelnachgiebigkeit für verschiedene Lagerabstände zu bestimmen. Mit Hilfe des ermittelten Nomogramms kann für diese Spindelwelle der statisch optimale Lagerabstand $b_{stat,opt}$ = 311 mm bestimmt werden. Bei der Ermittlung des optimalen Lagerabstands unter dynamischen Gesichtspunkten wird eine Maximierung der Eigenfrequenzen angestrebt [WECK06b]. Es zeigt sich für diese Spindelwelle jedoch, dass für die beiden relevanten Schwingungsformen, die Biege- und die Kippschwingung, auf Basis der Frequenzbewertung kein optimaler Lagerabstand ermittelt werden kann. Zur Lösung dieses Problems ist aber eine mit den vorgestellten FE-Simulationsansätzen unterstützte Optimierung des Lagerabstands möglich.

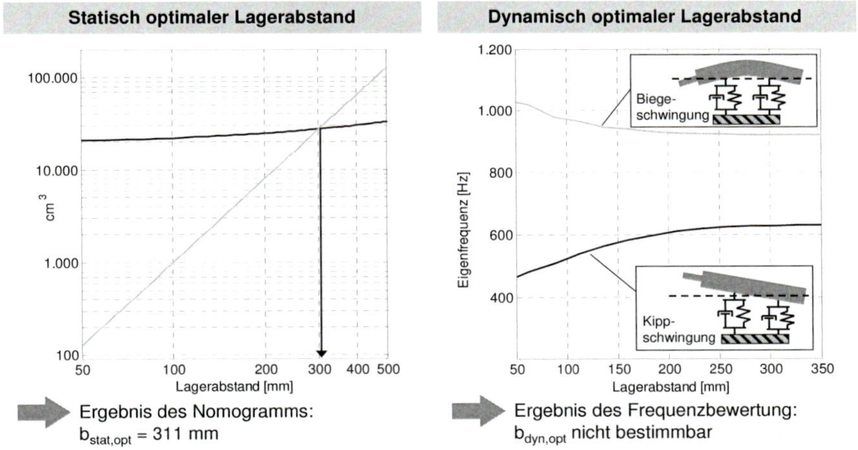

Bild 7.4: Bestimmung des statisch und dynamisch optimalen Lagerabstands
Determination of static and dynamic optimum bearing spacing

Der zu optimierende Parameter für dieses Optimierungsproblem ist weiterhin der in Bild 7.3 gekennzeichnete Bereich A, in dem die Länge der Spindelwelle zwischen den Lagerstellen durch den Optimierungsalgorithmus angepasst wird. In diesem Beispiel kann dieser Bereich nach vorgegebenen Randbedingungen zwischen 50 und 350 mm variieren. Um sicherzustellen, dass die bei der Optimierung ermittelte Länge A für verschiedene Fräsprozesse eine geeignete Größe besitzt, wird für zwei verschiedene Bearbeitungsprozesse die Länge A simulativ ermittelt. Diese beiden Prozesse sind in Bild 7.5 dargestellt.

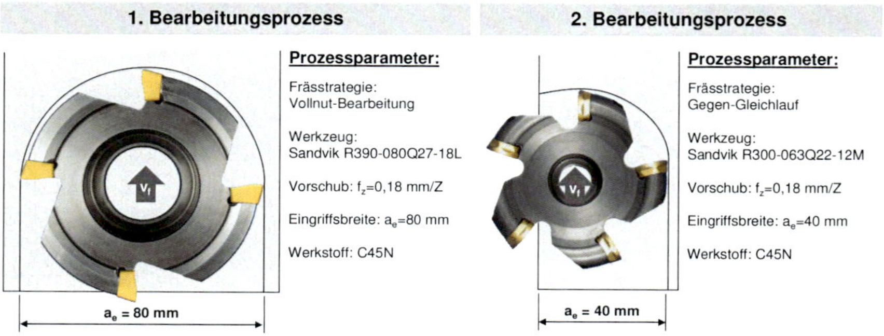

Bild 7.5: Bearbeitungsprozesse zur Optimierung des Lagerabstands

Machining processes for the optimization of the bearing spacing

Der Ablauf vom Anfang bis zum Ende der Optimierungsaufgabe sowie das Ergebnis für die Simulation für den ersten Bearbeitungsprozess ist in Bild 7.6 dargestellt.

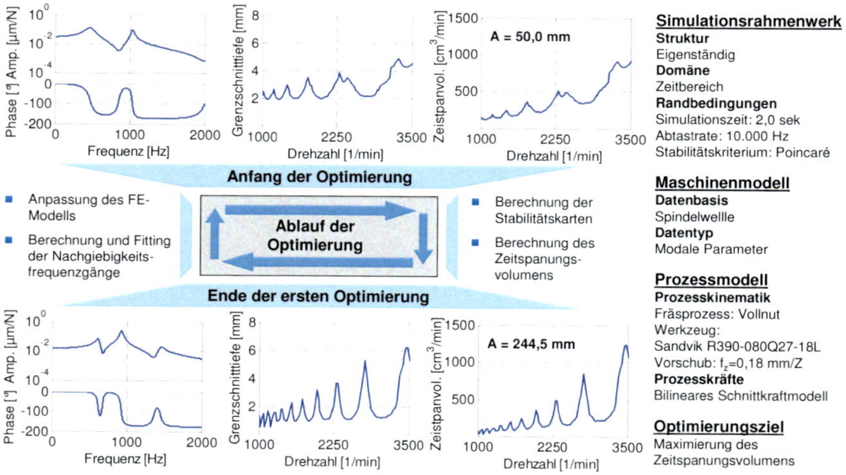

Bild 7.6: Ablauf und Ergebnisse der Optimierungsaufgabe für den ersten Bearbeitungsprozess

Processing and results of the optimization problem for the first machining process

Für diesen ersten Bearbeitungsprozess resultiert das dynamische Nachgiebigkeitsverhalten bei einer Länge der Spindelwelle von 50 mm in einem maximalen Zeitspanvolumen von 915 cm³/min. Durch die automatische Optimierung dieser Länge erhöht sich das maximale Zeitspanvolumen auf 1237 cm³/min. Die ermittelte Länge der Spindelwelle beträgt dabei 244,5 mm.

Die jeweiligen Zwischenergebnisse der iterativen Optimierung sind in Bild 7.7 dargestellt. Nach bereits neun Optimierungsschritten kann auf Grund des konvergierenden Verlaufs des berechneten Zeitspanvolumens ein Maximum ermittelt werden. Für den im Modell aufgeschnittenen Bereich bedeutet dies, dass ein Lagerabstand von 244,5 mm in einer maximalen Prozessstabilität bzw. dem dazugehörigen höchsten Zeitspanungsvolumen für den betrachteten ersten Bearbeitungsprozess resultiert.

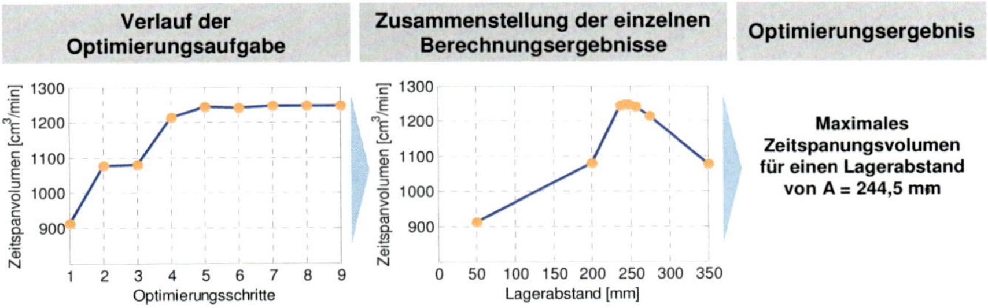

Bild 7.7: Auswertung der Optimierungsergebnisse für den ersten Bearbeitungsprozess
Evaluation of the optimization results for the first machining process

Für den zweiten untersuchten Bearbeitungsprozess wird durch den Optimierungsablauf der Wert 231,25 mm als optimaler Lagerabstand ermittelt, vgl. Bild 7.8. Bei dieser Länge kann ein maximales Zeitspanungsvolumen für den zweiten Bearbeitungsprozess im untersuchten Längenbereich von 50 bis 350 mm bestimmt werden.

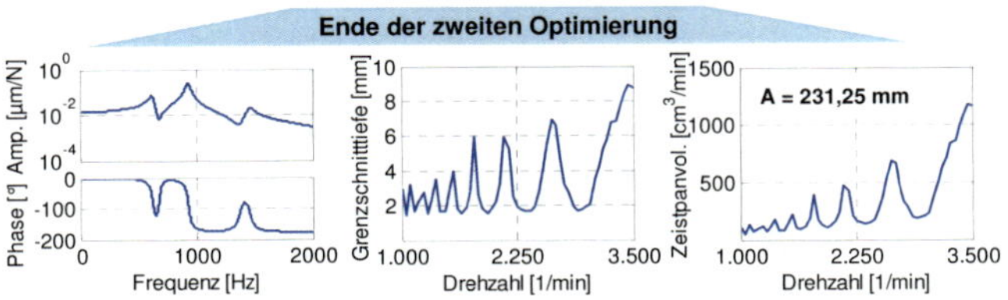

Bild 7.8: Ergebnisse der Optimierungsaufgabe für den zweiten Bearbeitungsprozess
Results of the optimization problem for the second machining process

Die Auswertung des zweiten Simulationsablaufs zeigt, dass bereits nach sieben Iterationsschritten das maximale Zeitspanungsvolumen in Höhe von 1174 cm³/min bei einem Lagerabstand von 231,25 mm ermittelt werden kann. Insgesamt kann auf Basis der beiden durchgeführten Simulationsabläufe ein sehr ähnlicher Wert für den optimalen Lagerabstand bestimmt werden. Der Unterschied zwischen den beiden berechneten Werten ergibt sich durch das unterschiedliche Zusammenspiel des dynamischen Spindelverhalten und des jeweiligen dynamischen Prozessverhaltens. Somit ist insgesamt in diesem Berechnungsbeispiel auch die Ermittlung eines optimalen dynamischen Lagerabstands unter Prozessbedingungen auf Grundlage der Simulationsergebnisse möglich.

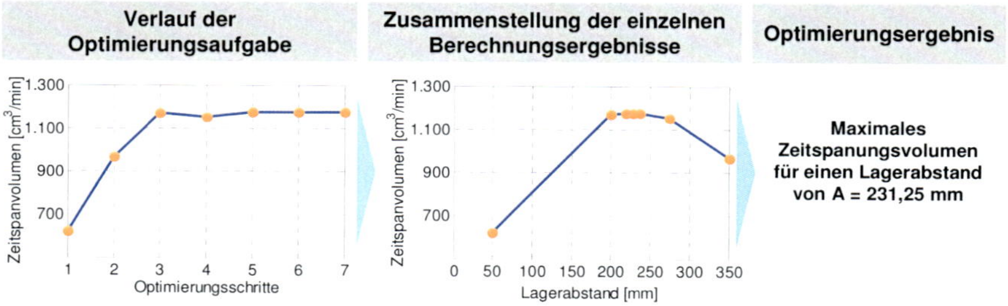

Bild 7.9: Auswertung der Optimierungsergebnisse für den zweiten Bearbeitungsprozess
Evaluation of the optimization results for the second machining process

Mit diesem exemplarischen Berechnungsbeispiel kann die Anwendung der eigenständigen Stabilitätssimulation anhand eines zu bestimmenden Konstruktionsparameters veranschaulicht werden. Jedoch besteht auch die Möglichkeit, diese Art der Optimierung zu erweitern bzw. anzupassen. Neben der simultanen Optimierung mehrerer Konstruktionsparameter oder der Berücksichtigung der Längsdrehbearbeitung als zu bewertendem Fertigungsprozess kann auch die minimale Grenzschnitttiefe als Optimierungskriterium verwendet werden.

7.2.2 Stabilitätssimulation einer Fräsmaschine

Stability simulation of a milling machine

In der Detailphase des Entwicklungsprozesses von Werkzeugmaschinen kann die FE-integrierte Stabilitätssimulation zur Untersuchung spezifischer Konstruktionsdetails bzw. -varianten genutzt werden. Dazu wird im folgenden Berechnungsbeispiel eine dreiachsige Fräsmaschine in Kreuzbettbauweise untersucht. Der Aufbau der Fräsmaschine und das dazugehörige FE-Modell sind in Bild 7.10 dargestellt.

Da die Strukturkomponenten als komplexe Gussbauteile aufgebaut sind, bietet sich eine Vernetzung mit Volumenelementen an. Die Vorschubantriebe zur Bewegung der verfahrbaren Strukturkomponenten sind als Kugelgewindetriebe ausgeführt. Eine Modellierung der Kugelgewindetriebe in der FE-Software erfolgt über Balkenelemente mit entsprechenden Spindeldurchmessern. Die Koppelstellen zwischen den einzelnen Strukturkomponenten, also diejenigen Punkte an den Strukturkomponenten, an denen sich die Maschinenelemente wie Führungsschuhe, Lager und Kugelgewindemutter befinden, sind als Feder-Dämpfer-Element ausgeführt.

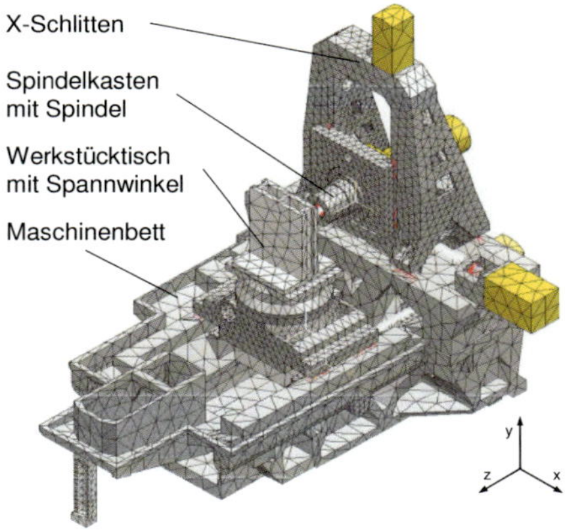

Aufbau des FE-Modells:

- Strukturkomponenten:
  - 46.700 Tetra10-Elemente
- Maschinenelemente:
  - 506 Balken-Elemente
  - 75 Ridgid-Elemente
  - 48 Feder-Dämpfer-Elemente

Ziel der FE-Modellierung:

- Berechnung des statischen und dynamischen Maschinenverhaltens
- Berechnung und Bewertung der erreichbaren Prozessstabilität

Bild 7.10: FE-Modell einer Fräsmaschine
FE model of a milling machine

Diese Feder-Dämpfer-Elemente enthalten die für die jeweilige Repräsentation des Maschinenelements passenden Kennwerte, die vielfach aus Katalogen und Herstellerangaben in erster Näherung entnommen werden können. Bei einer entsprechend hochwertigen Vernetzung genügt das aufgebaute FE-Modell einer Simulation zur Berechnung des statischen und dynamischen Maschinenverhaltens als auch zur Berechnung und Bewertung der erreichbaren Prozessstabilität.

Mit der Simulation des dynamischen Maschinenverhaltens können sowohl Eigenformen mit zugehöriger Eigenfrequenz als auch vollständige Nachgiebigkeitsfrequenzgänge berechnet werden. Die Dynamiksimulation für diese Fräsmaschine zeigt, dass drei Eigenformen zu einer Reduktion des Stabilitätsverhaltens führen können, vgl. Bild 7.11.

Bei den Eigenfrequenzen 128,0 Hz und 161,3 Hz liegen große Verlagerungen des TCP auf der Werkzeugseite durch dynamische Nachgiebigkeiten von X-Schlitten, Spindelkasten und Y-Führung vor. Bei der Eigenfrequenz von 453,3 Hz dagegen tritt eine Biegung um die X-Achse der gesamten Spindelkastenbaugruppe bestehend aus Spindel, Spindelkasten und Antriebsmotor auf.

Bei allen drei Eigenformen ist das Führungssystem in Y-Richtung, das eine 35er Baugröße besitzt, ein wesentlich beteiligtes Maschinenelement. Im Rahmen einer Stabilitätsuntersuchung ist es daher fraglich, ob Konstruktionsvarianten mit anderen Führungsschuhklassen einen positiven oder auch negativen Einfluss auf das Stabilitätsverhalten dieser Fräsmaschine besitzen. Die für die Y-Führung realisierbaren Führungsschuhgrößen sind die 25er, 35er und 45er Baugröße.

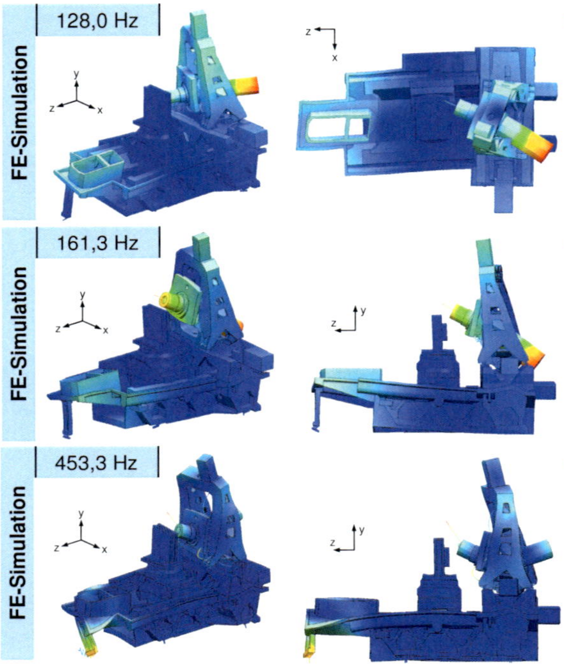

- Schwingungsform bei 128 Hz:
  - Torsion des X-Schlittens um die Y-Achse
  - Pendeln von Spindel und Spindelkasten um die Y-Achse
  - Leichtes Kippen des Tisches um die Z-Achse
- Schwingungsform bei 161 Hz:
  - Kippschwingung von Spindel, Spindelkasten und Motor in den Y-Führungen um die X-Achse
- Schwingungsform bei 453 Hz:
  - Biegeschwingung des gesamten Spindelkastens um die X-Achse
  - Leichte Torsion des X-Schlittens um die Y-Achse
  - Schwingung der vorderen Maschinenaufstellung in X-Richtung

Bild 7.11: Simulierte Eigenformen der Fräsmaschine

Simulated mode shapes of the milling machine

Einerseits führt die Änderung der Führungsschuhgröße zu einer Änderung der Steifigkeits- und Dämpfungskennwerte an der Koppelstelle zwischen X-Schlitten und Spindelkasten, vgl. Bild 7.12. Mit zunehmender Größe steigen sowohl Zug-/ Drucksteifigkeit als auch die Quersteifigkeit an. Die jeweiligen Kennwerte müssen in den Feder-Dämpfer-Elementen der Y-Führungsschuhe hinterlegt werden.

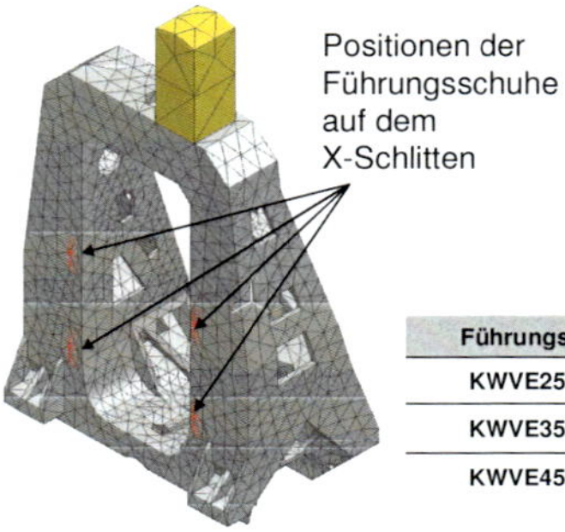

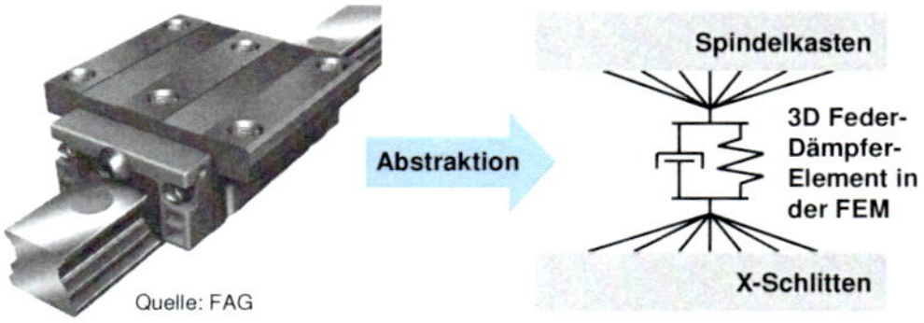

Führungsschuh	Zug- / Drucksteifigkeit [N/mm]	Quersteifigkeit [N/mm]
KWVE25-B-HL	780.000	520.000
KWVE35-B-HL	1.012.000	660.000
KWVE45-B-HL	1.250.000	920.000

Bild 7.12: Parameter der Feder-Dämpfer-Elemente für die Konstruktionsvarianten

Parameters of spring-damper elements for the design variants

Andererseits erfordert eine Änderung der Führungsschuhgröße eine Konstruktionsanpassung sowohl auf der Seite des X-Schlittens als auch auf der Seite des Spindelkastens. Mit zunehmender Größe der Führungsschuhe und -schiene ist eine größere Dimensionierung mit einer letztendlich höheren Masse der beiden Strukturbauteile notwendig, vgl. Bild 7.13.

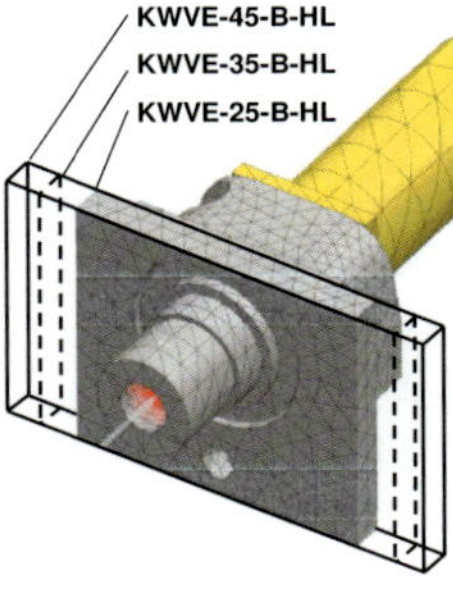

Änderung der Größe des Führungssystems

Angepasste konstruktive Gestaltung von Spindelkasten und X-Schlitten

Änderung der schwingenden Masse von Spindelkasten und X-Schlitten

Führungsschuh	Masse des Spindelkastens [kg]	Masse des X-Schlittens [kg]	Gesamte verfahrende Masse [kg]
KWVE25-B-HL	331,2	564,3	895,5
KWVE35-B-HL	360,3	594,7	955,0
KWVE45-B-HL	379,7	611,2	1008,9

Bild 7.13: Massenverteilung bei unterschiedlichen Konstruktionsvarianten

Mass distribution at different design variants

Bei der Simulation der Nachgiebigkeitsfrequenzgänge können zwar Unterschiede in den drei jeweiligen Konstruktionsvarianten festgestellt werden, eine aussagekräftige Bewertung über das Prozessverhalten ist jedoch auf dieser Basis nur schwer möglich, Bild 7.14.

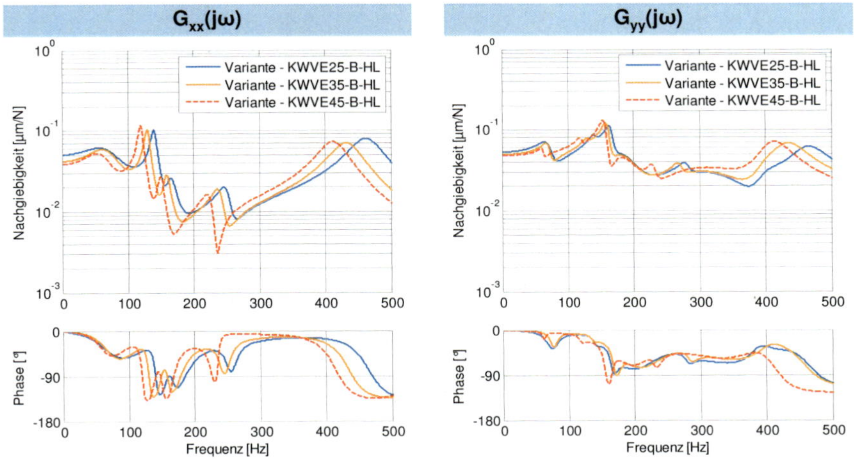

Bild 7.14: Simulierte Nachgiebigkeitsfrequenzgänge für die Konstruktionsvarianten

Simulated frequency responses for the design variants

Verschiebungen der Resonanzüberhöhungen hinsichtlich Amplitude und Frequenz sind zwar vorhanden, jedoch liegen durch die gleichzeitige Anpassung von Masse und Steifigkeit nur geringe Abweichungen der Nachgiebigkeits- und Phasenverläufe vor. Insgesamt liegt aber mit steigender Führungsschuhgröße eine leichte Verschiebung der Resonanzstellen zu niedrigeren Frequenzen vor. Dies begründet sich dadurch, dass die Erhöhung der Schlitten- und Spindelkastenmasse in diesem Simulationsbeispiel einen etwas größeren Einfluss auf die betrachteten Resonanzstellen besitzt als die Erhöhung der Steifigkeit der Führungsschuhe. Zudem steigt mit steigender Führungsschuhgröße die Resonanzamplitude bei den ersten beiden dominanten Eigenformen leicht an.

Die in Bild 7.15 dargestellte Stabilitätssimulation deckt jedoch die Unterschiede und auch die Schwachstellen der drei Konstruktionsvarianten auf. Die drei kritischen Eigenfrequenzen treten bei der Simulation als Ratterfrequenzen auf und reduzieren die Stabilitätsgrenze in unterschiedlichem Maße. Während die Schwingung der Spindelkastenbaugruppe um die X-Achse bei Ratterfrequenzen zwischen 400 und 500 Hz zwar vielfach eine auftretende Limitierung des Stabilitätsverlaufs erzeugt, so rufen die beiden anderen Schwingungsformen vielfach schon bei viel niedrigeren Grenzschnitttiefen ein regeneratives Rattern hervor. Für die Auswertung dieser Stabilitätskarte kann somit zunächst festgehalten werden, dass mit einer 25er Führungsschuhgröße das höchste Niveau der minimalen Grenzschnitttiefe erreicht werden kann.

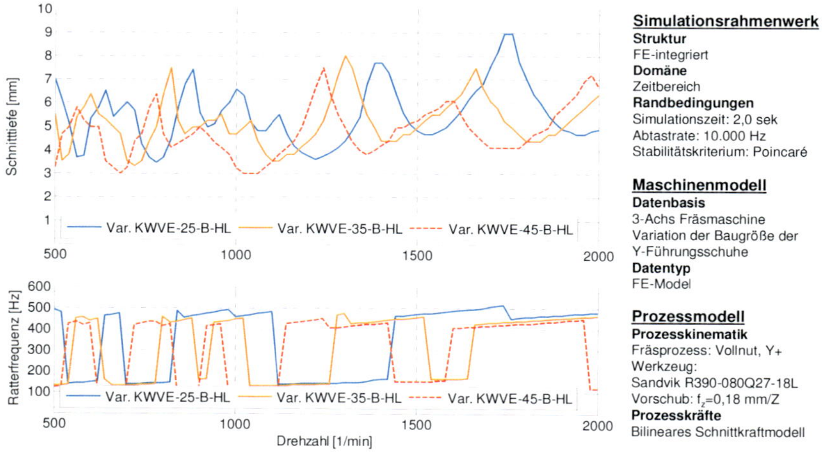

Bild 7.15: Ergebnisse der Stabilitätssimulation für die Konstruktionsvarianten der Fräsmaschine

Results of the stability simulation for design variants of the milling machine

Eine Bewertung der drei Konstruktionsvarianten kann unter Berücksichtigung der Stabilitätskarten und ähnlich wie bei der im vorangegangenen Kapitel vorgestellten Frässpindel anhand des Zeitspanvolumens erfolgen. In Bild 7.16 ist dazu das den Stabilitätsverläufen entsprechend umgerechnete Zeitspanungsvolumen dargestellt.

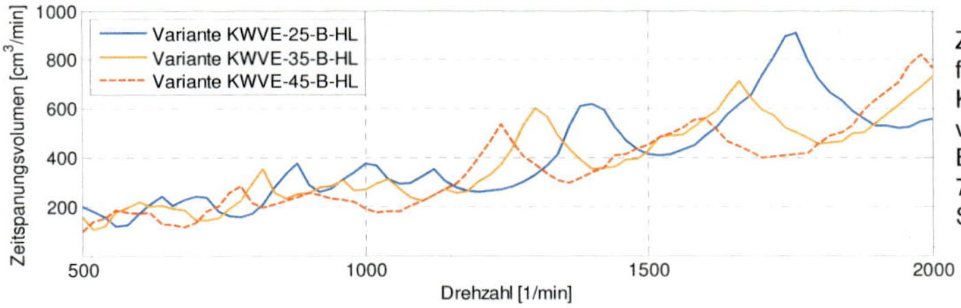

Zeitspanvolumen für die drei Konstruktionsvarianten auf Basis der in Bild 7.11 dargestellten Stabilitätskarten

Bild 7.16: Berechnetes Zeitspanungsvolumen für die Konstruktionsvarianten
Calculated material removal rates for the design variants

Je nach Zielsetzung der Maschinenentwicklung ergeben sich zwei unterschiedliche Bewertungsmöglichkeiten. Einerseits kann eine Werkzeugmaschine hinsichtlich des Stabilitätsverhaltens für eine Vielzahl verschiedener Bearbeitungsoperationen ausgelegt werden. Typische Anwendungsgebiete sind wechselnde Bearbeitungsaufgaben mit kleinen Losgrößen. Für diese Art der Bearbeitungsoperationen ist es zielführend, eine möglichst hohe minimale Grenzschnitttiefe in den Stabilitätskarten für eine Konstruktionsvariante zu erreichen. Diese Art der Bewertung führt in diesem Simulationsbeispiel dazu, dass die Konstruktionsvariante mit der 25er Führungsschuhgröße vor der 35er und 45er Führungsschuhgröße als beste Variante zu beurteilen ist. Andererseits kann eine Werkzeugmaschine auch hinsichtlich des Stabilitätsverhaltens für einen spezifischen Bearbeitungsprozess ausgelegt werden. Ein Beispiel dafür ist die Bearbeitung mit nur einem Bearbeitungsprozess in einer großen Losgröße. Da das wirtschaftliche Ziel einer solchen Bearbeitungsoperation die Realisierung eines möglichst hohen Zeitspanungsvolumens ist, kann das Zeitspanungsvolumen als Bewertungsgröße verwendet werden.

Ebenfalls zeigt sich in diesem Berechnungsbeispiel, dass die Konstruktionsvariante mit der 25er Führungsschuhgröße die beste Variante zur Auslegung der Maschine darstellt. Die 25er Führungsschuhgröße erzeugt bei einer Drehzahl von 1750 min^{-1} das maximale Zeitspanungsvolumen über den betrachteten Drehzahleinsatzbereich des Werkzeugs und den betrachteten Referenzprozess.

7.2.3 Stabilitätssimulation einer Drehmaschine

Stability simulation of a lathe

Als zweites Anwendungsbeispiel der FE-integrierten Stabilitätssimulation in der Detailphase der Werkzeugmaschinenentwicklung wird die konstruktive Gestaltung einer Vertikaldrehmaschine untersucht. Das in Bild 7.17 dargestellte FE-Modell zeigt den Aufbau der Drehmaschine. Auf einem Unterkasten aufgebaut befindet sich das Grundgestell der Maschine. An diesem Grundgestell sind einerseits die feststehenden Strukturkomponenten Werkzeugrevolver und Werkzeugaufspannplatte befestigt und andererseits die Baugruppe zur Bewegung des Werkstücks im Arbeitsraum.

Die Bahnbewegung zur Erzeugung der Werkstückgeometrie erfolgt werkstückseitig durch zwei Vorschubachsen. Die Bewegung in radialer Werkstückrichtung (X-Richtung) wird über einen Lineardirektantrieb und in axialer Werkstückrichtung (Z-Richtung) über einen Kugelgewindetrieb realisiert. Die Verbindung an den Koppelstellen erfolgt wie bei der Fräsmaschine über Feder-Dämpfer-Elemente mit entsprechenden Kennwerten der abstrahierten Maschinenelemente.

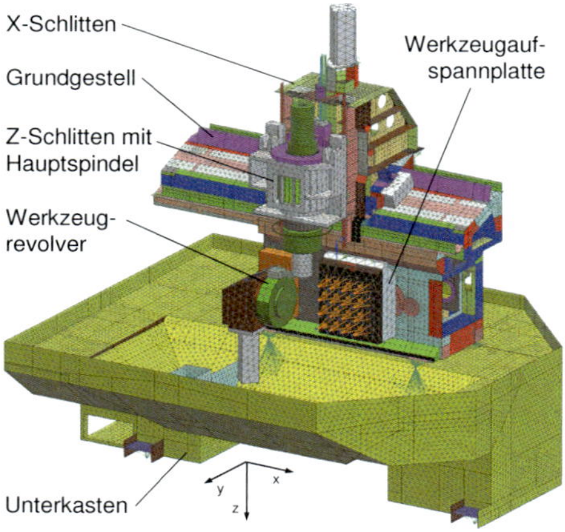

Aufbau des FE-Modells:

- Strukturkomponenten:
  - 17.692 Tetra10-Elemente
  - 81.213 Tria6-Elemente
- Maschinenelemente:
  - 171 Balken-Elemente
  - 79 Ridgid-Elemente
  - 25 Feder-Dämpfer-Elemente

Ziel der FE-Modellierung:

- Berechnung des statischen und dynamischen Maschinenverhaltens
- Berechnung und Bewertung der erreichbaren Prozessstabilität

Bild 7.17: FE-Modell einer Vertikaldrehmaschine
FE model of a vertical lathe

Da die im Folgenden dargestellten Simulationsergebnisse in einem Forschungsprojekt mit einem Maschinenhersteller erarbeitet wurden, wird an mehreren Stellen auf eine Skalierung der Graphenachse verzichtet. Bei der Simulation des dynamischen Maschinenverhaltens können zunächst zwei relevante Eigenformen identifiziert werden, die für eine prozessstabile Bearbeitung problematisch sein können, vgl. Bild 7.18. Zum einen ist bei der Eigenfrequenz von 80,3 Hz ein Schieben des Z-Schlittens in Z-Richtung gegeben, zum anderen liegt bei der Eigenfrequenz 203,9 Hz eine Drehschwingung des Z-Schlittens um die Y-Achse vor. Da insbesondere die erste gezeigte Eigenform die Leistungsfähigkeit der Drehmaschine bei der Längsdrehbearbeitung negativ beeinflussen kann, ist es zielführend, diese Eigenform und deren Einflussgrößen im Rahmen einer Stabilitätssimulation genauer zu untersuchen.

Bei der Bestimmung der Verformungsanteile der ersten Eigenform kann festgehalten werden, dass ein Großteil der dynamischen Verlagerung aus der Nachgiebigkeit des Vorschubantriebs und der beteiligten Maschinenkomponenten des Kugelgewindetriebs (KGT) resultiert. Fraglich ist daher, ob mit einer größeren und steiferen Dimensionierung des Vorschubantriebs eine Verbesserung des Stabilitätsverhaltens erreicht werden kann.

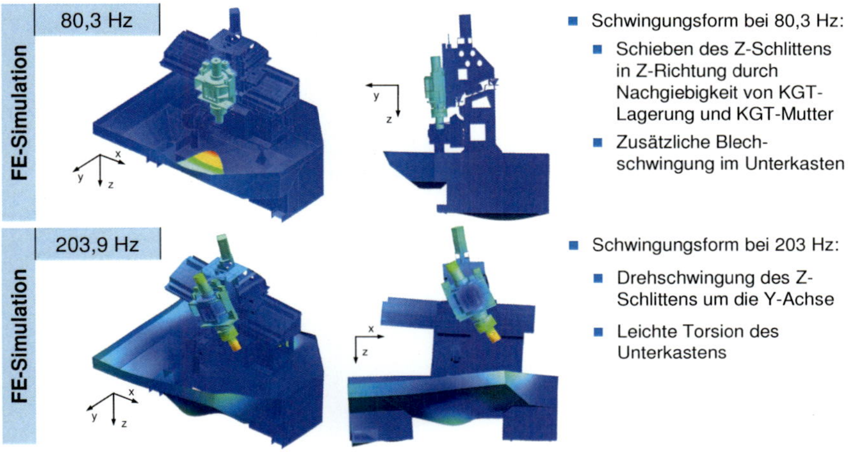

Bild 7.18: Berechnete Eigenformen und -frequenzen der Drehmaschine
Calculated mode shapes and frequencies of the lathe

Die somit für die erste Eigenform relevanten Maschinenelemente des Vorschubantriebs sind auf der Seite des X-Schlittens die Z-Kugelgewindespindel und das dazugehörige Festlager. In Bild 7.19 sind der modellierte X-Schlitten und die Maschinenelemente dargestellt. Während die Kugelgewindespindel mit Balkenelementen entsprechenden Durchmessers abgebildet ist, kann das Festlager als Feder-Dämpfer-Element abstrahiert werden.

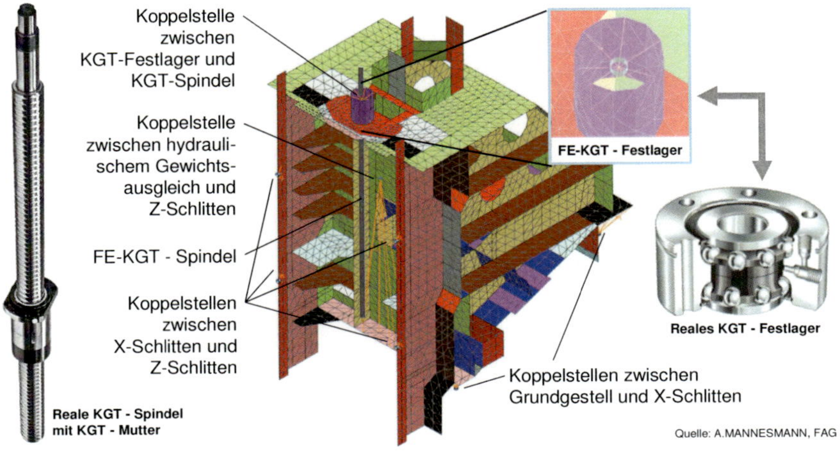

Bild 7.19: FE-Modell und relevante Maschinenkomponenten des X-Schlittens
FE model and relevant machine components of the X-slide

Auf der Seite des Z-Schlittens ist die Spindel des Kugelgewindetriebs über eine Mutter und eine Adapterplatte mit dem Grundgehäuse des Z-Schlittens verbunden. Der entsprechende Aufbau des FE-Modells ist in Bild 7.20 gezeigt. Bei einer größeren Dimensionierung des Kugelgewindetriebs müssen sowohl die jeweils beteiligten Maschinenkomponenten als auch die durch die Änderung betroffenen Strukturbauteile angepasst werden. Dazu gehört auf der Seite des Z-Schlittens die Änderung der Dimensionierung von Grundgehäuse und Adapterplatte und auf der Seite des X-Schlittens die Gestaltung der Anbindung des Festlagers der Kugelgewindespindel.

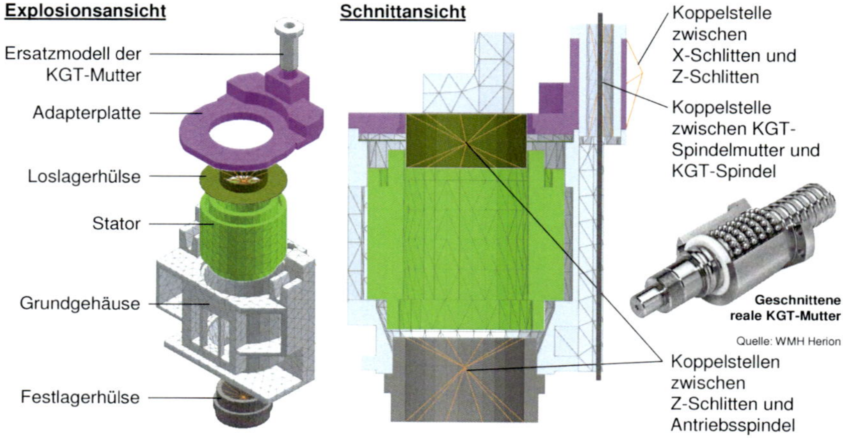

Bild 7.20: FE-Modell und relevante Maschinenkomponenten des Z-Schlittens
FE mode land relevant machine components of the Z-slide

Die für die Änderung des Kugelgewindetriebs realisierbaren Größen können anhand der Spindeldurchmesser in die Größen 25, 32 und 40 mm eingeteilt werden. Die Ersatzsteifigkeiten und -dämpfungen des Festlagers und der Mutter des Kugelgewindetriebs in axialer Richtung sind in Bild 7.21 zusammengefasst.

KGT-Spindeldurchmesser [mm]	25	32	40
KGT-Festlager axiale Steifigkeit [N/mm]	750.000	900.000	1.200.000
KGT-Festlager axiale Dämpfung [Ns/mm]	10	10	10
KGT-Mutter axiale Steifigkeit [N/mm]	410.000	500.000	720.000
KGT-Mutter axiale Dämpfung [Ns/mm]	8	8	8

Bild 7.21: Ersatzkennwerte der relevanten Komponenten des Kugelgewindetriebs
Specific values of the relevant components of the ball screw

Bei der Simulation der Nachgiebigkeitsfrequenzgänge zeigt sich für den direkten Nachgiebigkeitsfrequenzgang $G_{zz}(j\omega)$, dass mit zunehmender Größe des Kugelgewindetriebs eine Verbesserung des statischen und dynamischen Maschinenverhaltens möglich ist, vgl. Bild 7.22. So kann einerseits eine Verkleinerung der Resonanzüberhöhungen und andererseits eine Verschiebung der Resonanzüberhöhungen zu höheren Frequenzen berechnet werden. Problematisch ist jedoch, dass der Kreuznachgiebigkeitsfrequenzgang $G_{yz}(j\omega)$ mit zunehmender Größe des Kugelgewindetriebs eine zunehmende Amplitude aufweist. Dieses Verhalten resultiert aus der höheren Masse des Z-Schlittens hervorgerufen durch die konstruktiven Anpassungen für einen größeren Durchmesser der Kugelgewindespindel. Somit ist wiederum auf dieser Informationsgrundlage keine direkte Aussage über das Stabilitätsverhalten der drei Konstruktionsvarianten möglich.

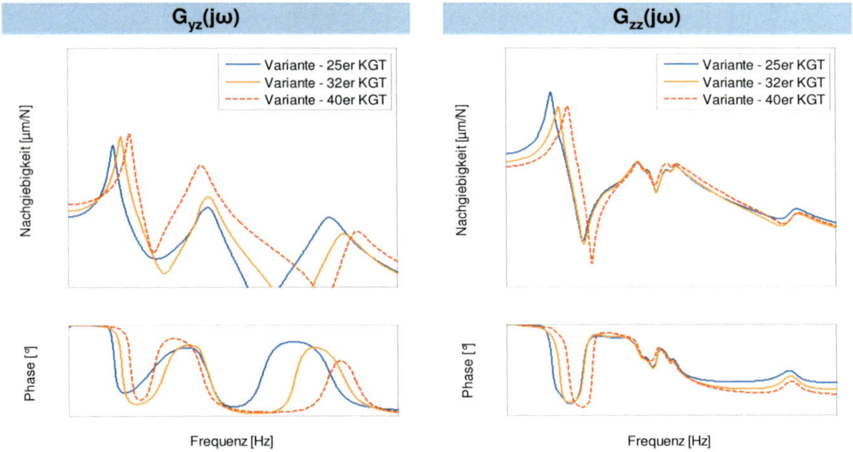

Bild 7.22: Simulierte Nachgiebigkeitsfrequenzgänge für die Konstruktionsvarianten
Simulated frequency responses for the design variants

Mit Hilfe der FE-integrierten Stabilitätssimulation kann jedoch eine Bewertung erfolgen. Die in Bild 7.23 dargestellten Stabilitätsverläufe zeigen, dass mit der Zunahme der Kreuznachgiebigkeiten $G_{yz}(j\omega)$ bei steigenden Spindeldurchmessern eine Reduktion der minimalen Grenzschnitttiefe einhergeht. Zudem kann festgehalten werden, dass bei einem Spindeldurchmesser von 40 mm die zweite Eigenform bei 203 Hz als reduzierende Größe für den Stabilitätsverlauf auftritt.

Eine Bewertung der Konstruktionsvarianten kann wie bei der zuvor vorgestellten Fräsmaschine einerseits auf Grundlage der Stabilitätskarten und andererseits auf Grundlage des Zeitspanvolumens erfolgen. Bei einer Bewertung auf Grundlage der Stabilitätskarten zeigt sich, dass die Konstruktionsvariante mit einem Spindeldurchmesser von 25 mm die höchste minimale Grenzschnitttiefe erreicht. Somit stellt diese Konstruktionsvariante im Vergleich zu den beiden anderen Varianten ein gutes Fertigungssystem für eine Vielzahl unterschiedlicher Längsdrehprozesse dar. Im Hinblick auf das Zeitspanungsvolumen ergibt sich jedoch ein anderes Bewertungsergebnis, vgl. Bild 7.24.

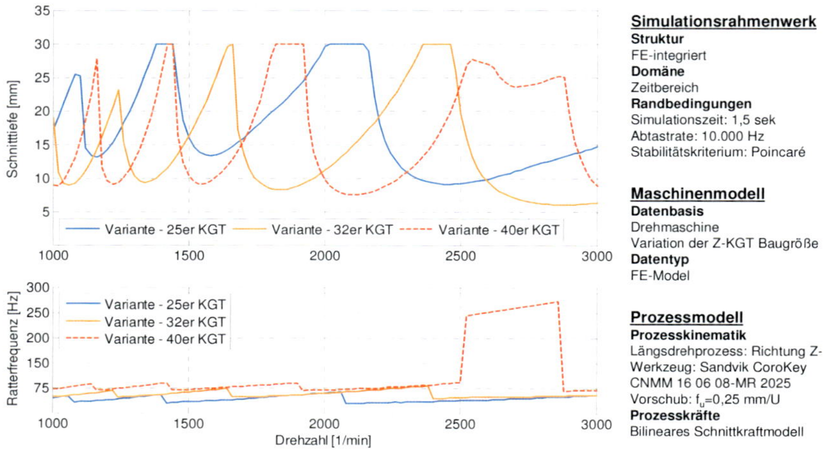

Bild 7.23: Ergebnisse der Stabilitätssimulation für die Konstruktionsvarianten der Drehmaschine

Results of the stability simulation for design variants of the lathe

Für ein möglichst hohes und somit wirtschaftliches Zeitspanungsvolumen zeigt sich, dass im Gegensatz zum Bewertungsergebnis auf Basis der Stabilitätskarte nicht die Konstruktionsvariante mit einem Spindeldurchmesser von 25 mm, sondern die Variante mit einem 40 mm Spindeldurchmesser das beste Ergebnis erzeugt. In dem Drehzahlbereich zwischen 2500 min^{-1} und 2900 min^{-1} kann mit dieser Konstruktionsvariante das höchste Zeitspanungsvolumen erzielt werden.

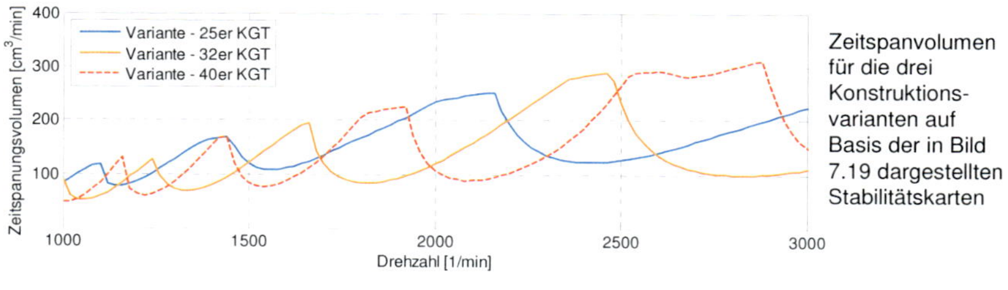

Bild 7.24: Berechnetes Zeitspanungsvolumen für die Konstruktionsvarianten

Calculated material removal rates for the design variants

7.3 Bewertung der Simulationsergebnisse

Assessment of the simulation results

Die in diesem Kapitel diskutierten Simulationsbeispiele konnten detailliert die Anwendung der Simulationsansätze zur Verbesserung des Stabilitätsverhaltens von Maschinenkomponenten und -strukturen zeigen. Bei der Simulation der Hauptspindelwelle wurde zunächst erfolgreich demonstriert, wie die eigenständige Stabilitätssimulation als Hilfsmittel in einen Optimierungsablauf einer Maschinenkomponente eingebunden werden kann. Mit der ermittelten Länge der Spindelwelle konnte in einem vorgegebenen Lösungsraum das maximale Zeitspanvolumen für zwei verschiedene Bearbeitungsprozesse bestimmt werden. Durch eine Anpassung der Optimierungsaufgabe auf ein mehrdimensionales Problem oder die Anpassung auf andere Maschinenkomponenten besteht weiterhin die Möglichkeit, diese Art der Stabilitätssimulation auch für weitere Anwendungsfelder zu erschließen.

Demgegenüber wurden bei den beiden vorgestellten Beispielen zur FE-integrierten Stabilitätssimulation von Maschinenstrukturen jeweils konkrete Schwachstellen im gesamten Entwurf der Maschinenauslegung betrachtet. Die diskutierten Konstruktionsvarianten wurden dazu anhand der Stabilitätskarte sowie des Zeitspanvolumens bewertet. Es zeigt sich in beiden Fällen, dass mit der Simulation der Prozessstabilität präzise eine Entscheidung zur Verbesserung der konstruktiven Maschinengestaltung hinsichtlich der Maximierung der Prozessstabilität getroffen werden kann. Eine weitere Übertragung der FE-integrierten Stabilitätssimulation auf andere Maschinenkonzepte von Dreh- und Fräsmaschinen oder auch die Detailuntersuchung von zusätzlichen Konstruktionsvarianten ist ebenfalls möglich.

8 Zusammenfassung und Ausblick

Summary and Outlook

Im Rahmen dieser Dissertation wurden zwei Vorgehensweisen für den FE-gestützten Entwicklungsprozess von Werkzeugmaschinen erarbeitet und verifiziert, die eine effiziente und zuverlässige Verwendung der Prozessstabilität als Bewertungskriterium für die Entwicklung von Dreh- und Fräsmaschinen ermöglichen. Die Simulation der Prozessstabilität kann mit diesen beiden Vorgehensweisen zum einen für die Optimierung spezifischer Konstruktionsdetails und zum anderen für eine Gegenüberstellung unterschiedlicher Konstruktionsvarianten genutzt werden. Insgesamt konnte gezeigt werden, dass die Prozessstabilität als qualitatives Bewertungskriterium im Entwicklungsprozess verwendbar ist.

Im Stand der Technik wurden zunächst die heutzutage verwendeten Methoden zur Messung und Simulation des dynamischen Verhaltens von Werkzeugmaschinen erläutert. Die anschließend vorgestellten Methoden zur Messung und Simulation von Zerspankräften zeigen, wie die bei einer spanenden Bearbeitung auftretenden Kräfte messtechnisch erfasst und mit Hilfe unterschiedlicher Ansätze berechnet werden können. Für die Simulation der Prozessstabilität wurden die unterschiedlichen Gestaltungsfelder der Simulationsansätze vorgestellt und deren heutige Anwendung bei der Maschinenentwicklung dargestellt. Abschließend erfolgte im Stand der Technik die Vorstellung möglicher Maßnahmen zur Verbesserung des Stabilitätsverhaltens.

In Kapitel 4 wurden die Anforderungen an eine Stabilitätssimulation und die daraus abgeleiteten Grundlagen festgehalten. Für die Berechnung der dynamischen Zerspankräfte wurde das im weiteren Verlauf verwendete analytische, bilineare Zerspankraftmodell anhand von gemessenen Zerspankraftverläufen verifiziert. Zur Modellierung der Prozesskinematik der Dreh- und Fräsbearbeitung wurden die jeweiligen Eingriffsbedingungen und die Abbildung der Werkzeuggeometrie näher erläutert. Die für eine Stabilitätssimulation relevante Vorgehensweise zur Identifikation instabiler Bearbeitungsprozesse sowie der Ablauf zur Ermittlung der Stabilitätskarten wurden beschrieben.

Aufbauend auf diesen Ergebnissen wurden anschließend zwei Simulationsansätze vorgestellt, die beide eine integrative Berücksichtigung der Prozessstabilität im FE-gestützten Entwicklungsprozess von Werkzeugmaschinen mit Hilfe der Berechnung von Stabilitätskarten ermöglichen. Beide Ansätze, die eigenständige Stabilitätssimulation und die FE-integrierte Stabilitätssimulation, wurden jeweils in ihrem Aufbau erläutert und anhand verschiedener Simulationsbeispiele verifiziert.

Eine detaillierte Untersuchung und Gegenüberstellung der beiden Simulationsansätze erfolgte in Kapitel 6. Im Blickpunkt dieser Arbeiten stand die korrekte Berücksichtigung strukturmechanischer und prozessspezifischer variierter Eingangsgrößen der Simulationsmodelle. In den jeweiligen Simulationsläufen konnte gezeigt werden, dass diese von beiden Simulationsansätzen mit einer ausreichenden Genauigkeit berücksichtigt werden. Zudem erfolgte die Stabilitätssimulation vereinfachter FE-

Modelle, um die Eignung der beiden Ansätze für den FE-gestützten Entwicklungsprozess zu untersuchen. Auch für diese zwar strukturdynamisch einfachen, aber simulationstechnisch aufwändigen FE-Modelle wurden Stabilitätskarten berechnet. Bei diesen Arbeiten zeigte sich, dass beide Simulationsansätze grundsätzlich für den FE-gestützten Entwicklungsprozess geeignet sind, aber trotzdem spezifische Unterschiede hinsichtlich Anwendbarkeit, Rechenzeit und Integration in den Entwicklungsprozess bestehen.

Auf Basis dieser Unterschiede wurde in Kapitel 7 eine Vorgehensweise abgeleitet, die es ermöglicht, die jeweiligen Vorteile der beiden Simulationsansätze in unterschiedlichen Entwicklungsstufen zu nutzen. Die Anwendung der eigenständigen Stabilitätssimulation in der Konzeptphase und die Anwendung der FE-integrierten Stabilitätssimulation in der Detailphase konnten exemplarisch an verschiedenen Beispielen gezeigt werden.

Jedoch muss berücksichtigt werden, dass die Prozessstabilität zwar ein wichtiges Bewertungskriterium im Entwicklungsprozess darstellt, aber noch eine Vielzahl weiterer Kriterien existiert. Neben der Prozessstabilität müssen beispielsweise auch das thermische Verhalten, benötigte Verfahrgeschwindigkeiten und -beschleunigungen sowie die Gesamtkosten der Maschine berücksichtigt werden. Konstruktionsentscheidungen alleine auf Grundlage der Prozessstabilität zu treffen ist daher nicht zielführend. Vielmehr muss die Prozessstabilität als weiteres hilfreiches Bewertungskriterium im Entwicklungsprozess leistungsfähiger Werkzeugmaschinen angesehen werden.

Im Rahmen zukünftiger Arbeiten zur Verbesserung des Stabilitätsverhaltens von Werkzeugmaschinen bietet es sich an, die in dieser Arbeit vorgestellten Simulationsansätze zu verbessern und auch auf weitere Fertigungstechnologien, wie beispielsweise Schleifprozesse, zu übertragen. Auch ist die Möglichkeit zur Nutzung der Simulationsansätze für eine Optimierung des Produktentwicklungsprozesses gegeben. Mit einer bereits frühzeitigen Integration des Wissens über das prozessstabile Maschinenverhalten in die Produktplanung und Fertigungsprozessauslegung erschließen sich weitere Kosten- und somit Wettbewerbsvorteile. Um die Ergebnisqualität der Stabilitätssimulation noch weiter zu verbessern, ist es jedoch notwendig, die Eingangsdaten der Simulations- und Prozessmodelle zu detaillieren. Dazu gehören beispielsweise genauere Ersatzkennwerte der Koppelstellen für Steifigkeit und Dämpfung zur Approximation der Maschinenelemente, aber auch spezialisierte Prozessmodelle zur Abbildung des dynamischen Zerspanverhaltens unterschiedlicher Werkstoffe und Fertigungsprozesse.

Summary and Outlook

Within the framework of this dissertation, two approaches for the FE-based design process of machine tools were developed and verified. These approaches enable an efficient and reliable use of the process stability as an assessment criterion for the design of turning and milling machines. The simulation of process stability can be used with both approaches, on the one hand for the optimization of specific design details and on the other hand for different design variants. All in all, it was shown that the process stability is an applicable qualitative assessment criterion in the design process of machine tools.

First of all, currently used methods for metrology and simulation of the dynamic behavior of machine tools were illustrated in the state of the art. The methods for metrology and simulation of cutting forces presented after that show how forces evolving during machining can be measured and calculated by the help of several approaches. For the simulation of the process stability all different areas of simulation approaches were introduced together with their current application in machine tool development. Concluding, possible measures for the improvement of the stability behavior were presented in the state of the art.

In chapter 4 the requirements of a stability simulation and the basic principles derived from it were recorded. For the calculation of the dynamic cutting forces the analytical bilinear cutting force model, which was applied later on, was verified by measured cutting force values. For modeling the process kinematics of turning and milling machining, the respective contact conditions and the modeling of tool geometry were discussed more detailed. Regarding stability simulation, all relevant approaches for the identification of instable cutting processes as well as the course of action for the investigation of stability charts were described.

Leaning on these results, two simulation approaches were presented which both enable an integrative assessment of the process stability in the FE-based development process of machine tools by the help of stability chart calculation. The development and verification by means of simulation examples of both approaches, independent stability simulation and FE-integrated stability simulation, were explained.

Detailed investigations and comparisons of both simulation approaches were effected in chapter 6. The focus of this work was on the correct consideration of structure mechanical and process specific varying input values of the simulation models. Respective test runs showed that these input parameters are considered with adequate accuracy. Furthermore, stability simulation of simplified FE-models was effected in order to investigate the applicability for an FE-based development process. For these FE-models, which are simple in respect to structural dynamics but complex regarding simulation techniques, stability charts were calculated. During this work, it could be worked out that both simulation approaches are generally qualified for an FE-based development process. Nevertheless, there are specific differences existing in relation to applicability, calculation time and integration into the design process.

In chapter 7 an approach was deduced on the basis of these differences, which enables the use of particular advantages of both simulation approaches in different development steps. The application of the independent stability simulation in the concept phase and the application of the FE-integrated stability simulation in the detail phase were presented in simulation examples.

However, it has to be considered that although the process stability is an important evaluation criterion in the design process a multitude of further assessment criterions exists. Beside the process stability, e.g. the thermal behavior, required movement velocities and accelerations as well as the total costs of the machine tool, have to be considered. Therefore, design decisions only based on the process stability do not lead to the desired results. The process stability can rather be seen as a further assessment criterion in the development process of powerful machine tools.

Within the framework of prospective work for the improvement of the stability behavior of machine tools it is suitable to improve the simulation approaches presented in this work as well as to transfer it to further production technologies like grinding processes. The possibility of using the simulation approaches for an optimization in the development process of specific work pieces is also given. Further advantages in competition and expenses are generated by an early integration of the knowledge of process stable machine behavior in production planning and production process layout. In order to improve the quality of stability simulation results further on, it is necessary to improve the input data of simulation and process models. For example, more accurate stiffness and damping values for the approximation of machine elements as well as specialized process models of the dynamic cutting behavior of several materials and production processes are part of that.

9 Literaturverzeichnis

References

[AKCA10] Akcay, R.; Memis, E.K.; Ozlu, E.; Budak, E.: Increasing Productivity in High Speed Milling of Airframe Components Using Chatter Stability Diagrams. Proceedings 2nd CIRP Int. Conference on Process Machine Interactions, Vancouver, Canada, 2010.

[ALBE95] Albertz, F.: Dynamikgerechter Entwurf von Werkzeugmaschinen. Disstertation, TU München, 1995.

[ALTI95] Altintas, Y.; Budak, E.: Analytical Prediction of Stability Lobes in Milling, Annals of the CIRP, Vol. 44, S. 357-362, 1995.

[ALTI99] Altintas, Y.; Engin, S.; Budak, E.: Analytical Stability Prediction and Design of Variable Pitch Cutters. Journal of Manufacturing Science and Engineering, Vol. 121, S. 173-178, 1999.

[ALTI00] Altintas, Y.: Manufacturing Automation: Metal Cutting Mechanics, Machine Tool Vibrations and CNC Design. Cambridge University Press, 2000.

[ALTI04] Altintas, Y.; Weck, M.: Chatter Stability in Metal Cutting and Grinding. Annals of the CIRP, Keynote Paper of STC-M, 53/2, 2004.

[ALTI05] Altintas, Y.; Brecher, C.; Weck, M.; Witt, S.: Virtual Machine Tool. Annals of the CIRP, Keynote Paper of STC-M, 55/2, 2005.

[ARNO46] Arnold, R.N.: The mechanism of tool vibration in the cutting of steel. Proceedings of the Institution of Mechanical Engineers 1847-1982, Vol. 154, S. 261-284, 1946.

[BEER95] Beer, C.: CAD/CAP unterstützte Generierung ratterfreier NC-Programme für das Schaftfräsen. Dissertation, RWTH Aachen, 1995.

[BIER08] Biermann, D.; Surmann, T.; Kehl, G.: Oszillatormodell für Werkzeugmaschinen zur Simulation von Zerspanprozessen. wt Werkstattstechnik online, 98. Jg. (2008), H. 3, 2008.

[BOUR90] Bourquin, F.: Analysis and comparison of several component mode synthesis methods on one-dimensional domains. Numerische Mathematik, Vol. 58, S. 11-34, 1990.

[BREC02] Brecher, C.: Vergleichende Analyse von Vorschubantrieben für Werkzeugmaschinen. Dissertation, RWTH Aachen, 2002.

[BREC07a] Brecher, C.; Witt, S.; Marsolek, J.; Steinicke, M.; Piendl, S.: Konzepte zur Kopplung von Zerspanprozess- und Maschinensimulation und deren mögliche Umsetzung. Abschlussbericht des Verbundprojektes: Simulation industrieller Bearbeitungsprozesse, Tagungsband zum Abschlusskolloquium, Aachen, pp. 107-120.

[BREC07b] Brecher, C.; Esser, M.; Witt, S.: Simulation of the Process Stability of HPC-Milling Operations under Consideration of the Nonlinear Behaviour of the Machine Tool and the Cutting Process. Proceedings of the 10th CIRP Int. Workshop on Modelling Machining Operations, 27.-28. August 2007, Reggio Calabria, Italy, 2007.

[BREC09] Brecher, C.; Esser, M.; Witt, S.: Interaction of Manufacturing Process and Machine Tool. Annals of the CIRP, Keynote Paper of STC-M, 58/2, 2009.

[BREC10a] Brecher, C.; Klein, W.; Sitte, B.: Integrated Machine Tool Design. Sustainable Production for Resource Efficiency and Ecomobility - Proceedings ICMC 2010, Hrsg.: Neugebauer, R., Verlag Wissenschaftliche Scripten Auerbach, 2010.

[BREC10b] Brecher, C.; Hermes, R.; Sitte, B.; Klein, W.: Ratterfreie Maschinen und Prozesse. wt Werkstattstechnik online, 100. Jg. (2010), H. 1-2, 2010.

[BREC11a] Brecher, C.; Hermes, R.; Sitte, B.; Bäumler, S.; Otto, A.: Simulationsmodell für die aktive Drehzahlvariation. wt Werkstattstechnik online, 101. Jg. (2011), H. 5, 2011.

[BREC11b] Brecher, C.: Virtualisierung der spanenden Bearbeitung in der Maschinenentwicklung und Prozessoptimierung. Apprimus Verlag, Aachen, 2011.

[BREC11c] Brecher, C.; Denkena, B.; Grossmann, K.; Steinmann, P.; Bouabid, A.; Heinisch, D.; Hermes, R.; Löser, M.: Identification of weak spots in the metrological investigation of dynamic machine behaviour. Production Engineering - Research and Development, Vol. 5, Number 6, S. 679-689, 2011.

[BRIT08] Britz, R.; Ulbrich, H.: Lathe: Modeling and Coupling of Process and Structure. Proceedings 1st CIRP Int. Conference on Process Machine Interactions, Hannover, Germany, 2008.

[BUDA98] Budak, E.; Altintas, Y.: Analytical Prediction of Chatter Stability in Milling - Part I: General Formulation. Journal of Dynamic Systems, Measurement, and Control, Vol. 120, S. 23-31, 1998.

[BUDA00] Budak, E.: Improving Productivity and Part Quality in Milling of litanium Based Impellers by Chatter Suppression and Force Control. Annals of the CIRP, Vol. 49, No. 1, S. 31-36, 2000.

[BUDA03] Budak, E.: An Analytical Design Method for Milling Cutter With Nonconstant Pitch to Increase Stability, Part I: Theory. Journal of

Manufacturing Science and Engineering, Transactions of the ASME, Vol. 125, S. 29-34, 2003.

[BUDA04] Budak, E.; Kayhan, M.: Investigating Effects of Chatter Vibrations on Tool Wear in Turning. Proceedings of 4th CIRP International Seminar on Intelligent Computation in Manufacturing Engineering, Sorrento, Italy, pp. 679-684, 2004.

[CANN81] de Canniere, J.; van Brussel, H.; van Bogaert, J.: A contribution to the mathematical analysis variable spindle speed machining. Appl. Math. Modelling, Vol. 5, S. 158-164, 1981.

[CHAN82] Chang, T.C.; Wysk, R.A.; Davis, R.P.; Choi, B.: Milling parameter optimization through a discrete variable transformation. International Journal of Production Research, Vol. 20, No. 4, S. 507-516, 1982.

[COOK01] Cook, R.; Malkus, D.; Plesha, M.: Concepts and Applications of Finite Element Analysis. University of Wisconson, Madison, 3rd Edition, 2001.

[CRAI68] Craig, R.R.; Bampton, M.C.C.: Coupling of substructures for dynamic analyses. AIAA Journal, Vol. 6, No. 7, 1968.

[CRAI76] Craig, R.R.; Chang, C. J.: A review of substructure coupling methods for dynamic analysis. Advances in Engineering Science, Vol. 2, National Aeronautics and Space Administration, Washington, DC, S. 393–408, 1976.

[DAVI00] Davies, M.A.; Pratt, J.R.; Dutterer, B.S.; Burns, T.J.: The Stability of Low Radial Immersion Milling. Annals of the CIRP, Vol. 49, S. 37-40, 2000.

[DENK06] Denkena, B.; Reichstein, M.; Köhler, J.: Ausbildung der Schnittkräfte bei unterschiedlichen Spanungsquerschnitten. wt Werkstattstechnik online, 96. Jg. (2006), 11-12, 2006.

[DENK08] Denkena, B.; de Leon, L.; Sellmeier, V.: Impact of the Tooth Pitch on the Process Stability of Milling. Proceedings 1st CIRP Int. Conference on Process Machine Interactions, Hannover, Germany, 2008.

[DOMB10] Dombovari, Z.; Zatarain, M.; Insperger, T.: Dominant Vibration Frequencies in Milling Using Semi-discretization Method. Proceedings 2nd CIRP Int. Conference on Process Machine Interactions, Vancouver, Canada, 2010.

[ENDR02] Endres, W.J.; Loo, M.: Modeling Cutting Process Nonlinearity for Stability Analysis - Application to Tooling Selection for Valve-Seat Machining. Proceedings 5th CIRP Int. Workshop on Modeling of

Machining Operations, Lexington, KY, USA, 2002, S. 71-82.

[ESSE10] Esser, M.: Stabilitätssimulation für das HPC-Fräsen, Dissertation RWTH Aachen, 2010.

[FAAS03] Faassen, R.P.H.; van de Wouw, N., Oosterling, J.A.J.; Nijmeijer, H.: Prediction of regenerative chatter by modelling and analysis of high-speed milling. International Journal of Machine Tools & Manufacture, Vol. 43, S. 1437-1446, 2003.

[FANG02] Fang, N.; Jawahir, I.S.: Analytical predictions and experimental validation of cutting forces ratio, chip thickness, and chip back-flow angle in restricted contact machining using the universal slip-line model. Machine Tool & Manufacture, 42 (2002), S. 681-694, 2002.

[FENG04] Feng, H-Y.; Wang, L.; Azeem, A.: Simplified and efficient calibration of a mechanistic cutting force model for ball-end milling. International Journal of Machine Tools and Manufacture, Vol. 44, S. 291-298, 2004.

[FLEI08] Fleischer, J.; Munzinger, C.; Tröndle, M.: Simulation and optimization of complete mechanical behaviour of machine tools. Production Engineering - Research and Development, Vol. 2, Number 1, S. 85-90, 2008.

[GRAD05] Gradišek, J.; Govekar, E.; Grabec, I.; Kalveram, M.; Weinert, K.; Insperger, T.; Stépán, G.: On Stability Prediction for Low Radial Immersion Milling. Machining Science and Technology, Vol. 9, S. 117-130, 2005.

[HALE80] Hale, A.L.; Meirovitch, L.: A general substructure synthesis method for the dynamic simulation of complex structures. Journal of Sound and Vibration, Vol. 69, No. 2, S. 309-326, 1980.

[HANS00] Hanson, R.D.; Tsao, T.-C.: Periodic Sampling Interval Repetitive Control and Its Application to Variable Spindle Speed Noncircular Turning Process. Transactions of the ASME, Vol. 122, S. 560-566, 2000.

[HEIS10] Heisel, U.; Storchak, M.; Krivoruchko, D.V.; Braun, S.: Modeling of Interaction Processes in Cutting. Proceedings 2nd CIRP Int. Conference on Process Machine Interactions, Vancouver, Canada, 2010.

[HOFF08] Hoffmann, F.: Optimierung der dynamischen Bahngenauigkeit von Werkzeugmaschinen mit der Mehrkörpersimulation. Dissertation, RWTH Aachen, 2008.

[INAM74] Inamura, T.; Sata, T.: Stability Analysis of Cutting Under Varying

Spindle Speed. Annals of the CIRP 23/1, S. 119-120, 1974.

[INSP00] Insperger, T.; Stépán, G.: Stability of High-Speed-Milling. Proceedings of the 2000 ASME International Mechanical Engineering Congress and Exposition, AMD-Vol. 241, S. 119-123, 2000.

[INSP01] Insperger, T.; Stépán, G.; Namachchivaya, S.N.: Comparision of the dynamics of low immersion milling and cutting with varying spindle speed. Proceedings of DETC'01, Pittsburgh, 2001.

[INSP02] Insperger, T.; Stépán, G.: Semi-discretization method for delayed systems. International Journal of Numerical Methods in Engineering, Vol. 55, S. 503-518, 2002.

[INSP03a] Insperger, T.; Stépán, G.; Bayly, P.V.; Mann, B.P.: Multiple chatter frequencies in milling processes. Journal of Sound and Vibration, Vol. 262, S. 333-345, 2003.

[INSP03b] Insperger, T.; Stépán, G.: Stability Analysis of Turning With Periodic Spindle Speed Modulation Via Semidiscretization. Journal of Vibration and Control, Vol. 10, S. 1835-1855, 2004.

[INSP03c] Insperger, T.; Schmitz, T.L.; Burns, T.J.; Stépán, G.: Comparison of analytical and numerical simulations for variable spindle speed turning. Proceedings of IMECE'03, Washington, 2003.

[INSP04] Insperger, T.; Stépán, G.: Updated semi-discretization method for periodic delay-differential equations with discrete delay. International Journal for Numerical Methods in Engineering, Vol. 61, S. 117-141, 2004.

[INSP05] Insperger, T.; Stépán, G.; Turi, J.: State-Dependent Delay Model for Regenerative Cutting Processes. ENOC-2005, Eindhoven, S. 1124-1129, 2005.

[INSP06] Insperger, T.; Gradišek, J.; Kalveram, M.; Stépán, G.; Weinert, K.; Govekar, E.: Machine Tool Chatter and Surface Location Error in Milling Processes. Journal of Manufacturing Science and Engineering, Vol. 128, S. 913-920, 2006.

[ISMA95] Ismael, F.; Kubica, E.G.: Active Suppression of Chatter in Peripheral Milling Part 1. A Statistical Indicator to Evaluate the Spindle Speed Modulation Method. International Journal of Advanced Manufacturing Technology, Vol. 10, S. 299-310, 1995.

[ISMA96] Ismael, F.; Kubica, E.G.: Active Suppression of Chatter in Peripheral Milling Part 2. Application of Fuzzy Control. International Journal of Advanced Manufacturing Technology, Vol. 12, S. 236-245, 1996.

[JAYA00] Jayaram, S.; Kapoor, S.G.; DeVor, R.E.: Analytical Stability

Analysis of Variable Spindle Speed Machining. Journal of Manufacturing Science and Engineering, Vol. 122, S. 391-398, 2000.

[KALV05] Kalveram, M.: Analyse und Vorhersage der Prozessdynamik und Prozessstabilität beim Hochgeschwindigkeitsfräsen. Dissertation, Universität Dortmund, 2005.

[KEGG65] Kegg, R.L.: Cutting Dynamics in Machine Tool Chatter. Journal of Engineering for Industry, Vol. 87, S. 464-470, 1965.

[KERS10] Kersting, P.: Simulation und Analyse regenerativer Werkstückschwingungen bei der NC-Fräsbearbeitung von Freiformflächen. Dissertation, Universität Dortmund, 2010.

[KIEN52] Kienzle, O.: Die Bestimmung von Kräften und Leistungen an spanenden Werkzeugen und Werkzeugmaschinen. VDI Z, 94. Jg (1952), H. 11-12, 1952.

[KIRC11] Kirchgäßner, B.; Schünemann, A.; Helfrich, R.: Integrated System Simulation of Machine Tools. NAFEMS Seminar: The Role of CAE in System Simulation, Wiesbaden, Germany, 2011.

[KLEI10] Klein, B.: FEM - Grundlagen und Anwendungen der Finite-Element-Methode im Maschinen- und Fahrzeugbau, Vieweg-Verlag, Wiesbaden, 2010.

[KLOC08] Klocke, F.; König, W.: Fertigungsverfahren 1. Drehen, Bohren, Fräsen. Springer-VDI-Verlag, Berlin, Heidelberg, New York, 8. Auflage, 2008.

[LIAN04] Liang, M.; Yeap, T.; Hermansyah, A.: A fuzzy system for chatter suppression in end milling. Proceedings of the Institution of Mechanical Engineers, Vol. 218, Part B, S. 403-417, 2004.

[LIAO94] Liao, Y.S.; Young, Y.C.: A new On-Line spindle speed regulation strategy for chatter control. International Journal of Machine Tools and Manufacturing, Vol. 36, No. 5, S. 651-660, 1996.

[LONG07] Long, X.; Balachandran, B.: Stability of Up-milling and Down-milling Operations with Variable Spindle Speed. Journal of Vibration and Control, Vol. 16, No. 7-8, S. 1151-1168, 2007.

[LÖSE10] Löser, M.; Großmann, K.: Influence of Helix Angle and Multi-Degree-of-Freedom Behavior of the Machine on the Chatter Stability in Milling. Proceedings 2nd CIRP Int. Conference on Process Machine Interactions, Vancouver, Canada, 2010.

[MAGL09] Maglie, P.: Anwendung von FE-basierten Reduktionsmethoden. VDI-Mechatronik, VDI-Wissensforum GmbH, Düsseldorf, S. 312-320, 2009.

[MALI11] N.N.: CutPro Brochure. Manufacturing Automation Laboratories Inc., http://www.malinc.com/pdf/MAL_Brochure.pdf, Stand: 09.08.2011.

[MERC45] Merchant, M.E.: Mechanics of the metal cutting process. I. Orthogonal cutting and type 2 chip. Journal of Applied Physics, 16(5), S. 267-275, 1945.

[MERD04] Merdol, S.D.; Altintas, Y.: Multi Frequency Solution of Chatter Stability for Low Immersion Milling. Journal of Manufacturing Science and Engineering, Vol. 126, S. 459-466, 2004.

[MERR65] Merrit, H.E.: Theory of Self-Excited Machine-Tool Chatter. Journal of Engineering for Industry, S. 447-454, 1965.

[MLIM08] N.N.: MetalMax Brochure. Manufacturing Laboratories Inc., http://www.mfg-labs.com/mfg-labs/MetalMAX/MetalMAX%20Brochure%2008043.pdf, Stand: 09.08.2011.

[NAMA02] Namachchivaya, N.; van Roessel, H.J.: A centre-manifold analysis of variable speed machining. Dynamical Systems, Vol. 18, No. 3, S. 245-270, 2003.

[NEBE99] Nebeling, P.H.: Abgleich der dynamischen Eigenschaften numerischer Modelle mit realen mechanischen Strukturen. Dissertation, RWTH Aachen, 1999.

[OEZE98] Özel, T.; Altan, T.: Process simulation using finite element method - prediction of cutting forces, tool stresses and temperatures in high-speed flat end milling. International Journal of Machine Tools & Manufacture, Vol. 40, S. 713-738, 2000.

[PAZM92] Pázmándy, P.P.: Beton im Werkzeugmaschinenbau. Einfluss auf die Bearbeitungsqualität am Vergleich von Drehbearbeitungsmaschinen. Dissertation, TU Wien, 1992.

[POLA70] Poláček, M.: Stabilität von Werkzeugmaschinen, Werkstatt und Betrieb, Vol. 103, S. 657-663, 1970.

[QUEI05] Queins, M.: Simulation des dynamischen Verhaltens von Werkzeugmaschinen mit Hilfe flexibler Mehrkörpermodelle. Dissertation, RWTH Aachen, 2005.

[QUIN11] Quintana, G.; Ciurana, J.: Chatter in machining processes: A review. International Journal of Machine Tools & Manufacture, Vol. 51, S. 363-376, 2011.

[RASH10] Rashid, A.; Nicolescu, C.M.: Experimental analysis of the influence of a high damping interface in a machining system designed for improving milling process performance. Proceedings 2nd CIRP Int. Conference on Process Machine Interactions, Vancouver, Canada, 2010.

[RASP10] Rasper, P.; Rott, O.; Hömberg, D.; Uhlmann, E.: Analysis of Uncertainties in the Stability Prediction for Milling Processes. Proceedings 2nd CIRP Int. Conference on Process Machine Interactions, Vancouver, Canada, 2010.

[REQU85] Requicha, A.; Voelcker, H.: Boolean operations in solid modeling: Boundary evaluation and merging algorithms. Proceedings of the IEEE, Vol. 73 Issue 1, S. 30-44, 1985.

[SADO56] Sadowy, M.: Selbsterregte Schwingungen an Werkzeugmaschinen. Der Maschinenmarkt, Vol. 83, S. 31-38, 1956.

[SAND10] N.N.: Zerspanungstechnologie - Technisches Handbuch. Sandvik Coromant, 2010.

[SAST02] Sastry, S.; Kapoor, S.G.; DeVor, R.E.: Floquet Theory Based Approach for Stability Analysis of the Variable Speed Face-Milling Process. Transactions of the ASME, Vol. 124, S. 10-17, 2002.

[SCHW99] Schwertassek, R.; Wallrapp, O.: Dynamik flexibler Mehrkörpersysteme. Vieweg-Verlag, Braunschweig / Wiesbaden, 1999.

[SEGU10] Seguy, S.; Dessein, G.; Arnaud, L.; Insperger, T.: Control of chatter by spindle speed variation in high-speed milling. Advanced Materials Research, Vol. 112, S. 179-186, 2010.

[SEXT78] Sexton, J.S.; Stone, B.J.: The Stability of Machining with Continuously Varying Spindle Speed. Annals of the CIRP 27/1, S. 312-326, 1978.

[SMIT61] Smith, J.D.; Tobias, S.A.: The dynamic cutting of metals. International Journal of Machine Tools Design and Research, Vol. 1, S. 283-292, 1961.

[STAU05] Stautner, M.: Simulation und Optimierung der mehrachsigen Fräsbearbeitung. Dissertation, Universität Dortmund, 2005.

[STEL08] Stelzmann, U.; Groth, C.; Müller, G.: FEM für Praktiker 2. Strukturdynamik - Basiswissen und Arbeitsbeispiele zu FEM-Anwendungen der Strukturdynamik, Expert-Verlag, Renningen, 5. Auflage, 2008.

[STEP00] Stépán, G.; Insperger, T.: Stability of the Milling Process. Periodica Polytechnica - Mechanical Engineering, Vol. 44, No. 1, S. 47-57, 2000.

[STON70] Stone, B.J.: The Effect on the Chatter Behaviour of Machine Tools of Cutters with different helix angles on adjacent Teeth. Proc MTDR, S. 169-180, 1970.

[SURM06] Surmann, T.: Geometrisch-physikalische Simulation der Prozessdynamik für das fünfachsige Fräsen von Freiformflächen. Dissertation, Universität Dortmund, 2006.

[TAKE74] Takemura, T.; Kitamura, T.; Hoshi, T.; Okushima, K.: Active Suppression of Chatter by Programmed Variation of Spindle Speed. Annals of the CIRP, Vol. 23(1), S. 121-122, 1974.

[TARN96] Tarng, Y.S.; Hseih, Y.W.; Li, T.C.: Automatic Selection of Spindle Speed for Suppression of Regenerative Chatter in Turning. The International Journal of Advanced Manufacturing Technology, Vol. 11, S. 12-17, 1996.

[TUEL99] Tüllmann, U.: Das Verhalten axial verspannter, schnelldrehender Schrägkugellager. Dissertation, RWTH Aachen, 1999.

[TLUS78] Tlusty, J.: Analysis of the State of Research in Cutting Dynamics. Annals of the CIRP, Vol. 27, S. 583-589, 1978.

[TOBI56] Tobias, S.A.; Fishwick, W.: Eine Theorie des regenerativen Ratterns an Werkzeugmaschinen. Der Maschinenmarkt – Werkzeugmaschinen-Praxis, S. 15-22, 1956.

[TOTI09] Totis, G.: RCPM - A new method for robust chatter prediction in milling. International Journal of Machine Tools & Manufacture, Vol. 49, S. 273-286, 2009.

[UHLM08] Uhlmann, E.; Mense, C.; Rasper, P.: Milling Machine Evolution Based on Process-Machine Interaction Analysis. Proceedings 1st CIRP Int. Conference on Process Machine Interactions, Hannover, Germany, 2008.

[UHLM09] Uhlmann, E.; Rasper, P.: Temperaturabhängiges Stabilitätsverhalten. wt Werkstattstechnik online, 99. Jg. (2009), H. 7-8, 2009.

[UNGE09] Ungemach, E.; Biermann, D.; Surmann, T.; Odendahl, S.: Simulation-Based Prediction of Surface Artifacts for the Milling of Aerospace Structures. 12th CIRP Conference on Modelling of Maching Operations. Donostia-San Sebastián, Spanien, 7.-8. Mai, 2009.

[WECK06a] Weck, M.; Brecher, C.: Werkzeugmaschinen Band 5 - Messtechnische Untersuchung und Beurteilung, dynamische Stabilität. Springer-VDI-Verlag, Berlin, Heidelberg, New York, 7. Auflage, 2006.

[WECK06b] Weck, M.; Brecher, C.: Werkzeugmaschinen Band 2 - Konstruktion und Berechnung. Springer-VDI-Verlag, Berlin, Heidelberg, New York, 8. Auflage, 2006.

[WECK06c] Weck, M.; Brecher, C.: Werkzeugmaschinen Band 3 - Mechatronische Systeme, Vorschubantriebe, Prozessdiagnose. Springer-VDI-Verlag, Berlin, Heidelberg, New York, 6. Auflage, 2006.

[WEIN08] Weinert, K.; Kersting, P.; Surmann, T.; Biermann, D.: Modeling regenerative workpiece vibrations in five-axis milling. Production Engineering - Research and Development, Vol. 2, Number 3, S. 255-260, 2008.

[WISS05] Wissmann, J.; Sarnes, K.D.: Finite Elemente in der Strukturmechanik. Springer Verlag, Berlin, Heidelberg, New York, 1. Auflage, 2005.

[WITT07] Witt, S.T.: Integrierte Simulation von Maschine, Werkstück und spanendem Fertigungsprozess. Dissertation, RWTH Aachen, 2007.

[WOLF09] Wolf, J.: Steuerungsintegrierte, adaptive Programmausführung, auf der Basis einer aufgabenorientierten NC-Programmierung. Dissertation, RWTH Aachen, 2009.

[YILM02] Yilmaz, A.; AL-Regib, E.; Ni, J.: Machine Tool Chatter Suppression by Multi-Level Random Spindle Speed Variation. Transactions of the ASME, Vol. 124, S. 208-216, 2002.

[ZABE10] Zabel, A.: Prozesssimulation in der Zerspanung – Modellierung von Dreh- und Fräsprozessen. Habilitationsschrift, Universität Dortmund, 2010.

[ZATA08] Zatarain, M.; Bediaga, I.; Muñoa, J.; Lizarralde, R.: Stability of milling processes with continuous spindle speed variation: Analysis in the frequency and time domains, and experimental correlation. CIRP Annals - Manufacturing Technology, Vol. 57, S. 379-384, 2008.

Lebenslauf

Persönliche Daten

Name	Benedikt Sitte
Geburtsdatum	23.04.1984
Staatsangehörigkeit	deutsch
Familienstand	ledig

Schulbildung

1990 - 1994	Grundschule in Köln
1994 - 2003	Gymnasium Kreuzgasse in Köln Abschluss: Allgemeine Hochschulreife

Studium

10.2003 - 07.2008	RWTH Aachen Fachbereich: Maschinenbau Studienfachrichtung: Produktionstechnik Abschluss: Diplom Ingenieur
10.2006 - 02.2009	RWTH Aachen Fachbereich: Wirtschaftswissenschaftliches Zusatzstudium Abschluss: Diplom Wirtschaftsingenieur

Studienbegleitende Tätigkeiten

10.2006 - 06.2008	Studentische Hilfskraft am Lehrstuhl für Werkzeugmaschinen des Werkzeugmaschinenlabors (WZL) der RWTH Aachen, Abteilung Maschinentechnik, Gruppe Konstruktion und Berechnung von Produktionsanlagen

Wissenschaftliche Tätigkeiten

08.2008 - 09.2010	Wissenschaftlicher Mitarbeiter am Lehrstuhl für Werkzeugmaschinen des Werkzeugmaschinenlabors (WZL) der RWTH Aachen, Abteilung Maschinentechnik, Gruppe Konstruktion und Berechnung von Produktionsanlagen
10.2010 - 03.2012	Gruppenleiter der Gruppe Konstruktion und Berechnung von Produktionsanlagen am oben genannten Lehrstuhl

Weitere berufliche Tätigkeiten

05.2012 - 12.2012	Leiter Mechanische Entwicklung bei WaldrichSiegen Werkzeugmaschinen GmbH
seit 01.2013	Gesamtleiter Mechanische Entwicklung und Konstruktion bei WaldrichSiegen Werkzeugmaschinen GmbH

FSC
www.fsc.org
MIX
Papier | Fördert gute Waldnutzung
FSC® C083411

Kolibri 360 GmbH
Ferdinand-Jühlke-Straße 7
99095 Erfurt, Deutschland
produktsicherheit@kolibri360.de